U0288406

恐龙 进化的奥秘

邢立达　韩雨江 ◎主编

吉林科学技术出版社

图书在版编目（CIP）数据

恐龙进化的奥秘 ／ 邢立达，韩雨江主编 . ‒‒ 长春：
吉林科学技术出版社，2023.6
ISBN 978-7-5744-0032-0

Ⅰ . ①恐… Ⅱ . ①邢… ②韩… Ⅲ . ①恐龙—青少年
读物 Ⅳ . ① Q915.864-49

中国版本图书馆 CIP 数据核字（2022）第 236855 号

恐龙进化的奥秘

KONGLONG JINHUA DE AOMI

主　　编	邢立达　韩雨江
科学顾问	［德］亨德里克·克莱因
出 版 人	宛　霞
责任编辑	郭　廓
助理编辑	樊莹莹
封面设计	姚　姚
美术设计	吉林省禹尧文化传媒有限公司
制　　版	吉林省禹尧文化传媒有限公司
幅面尺寸	210 mm × 280 mm
开　　本	16
字　　数	250 千字
印　　张	20
印　　数	30 001-40 000 册
版　　次	2023 年 6 月第 1 版
印　　次	2024 年 3 月第 2 次印刷
出　　版	吉林科学技术出版社
发　　行	吉林科学技术出版社
地　　址	长春市福祉大路 5788 号出版大厦 A 座
邮　　编	130118

发行部电话 ／ 传真　　0431-81629529 81629530 81629231
　　　　　　　　　　　　81629532 81629533 81629534

储运部电话　　0431-86059116

编辑部电话　　0431-81629518

印　　刷　　吉林省吉广国际广告股份有限公司

书　　号　　ISBN 978-7-5744-0032-0

定　　价　　158.00 元

目录

《恐龙进化的奥秘》

梳棘龙

[史前怪帆]

>>

　　梳棘龙属于大型主龙类，是镶嵌踝类主龙类，波波龙超科的一个演化支——梳棘龙类。梳棘龙类存活于三叠纪早期到中期的非洲、亚洲、欧洲、北美洲。这类古生物是最早的一群主龙类，代表主龙类的第一次全球性扩散。梳棘龙类的背部具有大型背帆。

🥚 渐变的尾巴

　　梳棘龙有一条逐渐变细的尾巴。前端粗壮，中后端迅速收尖，而此种特点可以使得梳棘龙能够很好地平稳行走，不受制于它那如船帆一样的大型背帆。

长在身上的"梳子"

梳棘龙最突出的特点就是伫立在后背上，像一把巨大梳子的背帆。这个背帆的高度几乎同梳棘龙的身高一样，其中有些椎骨刺的长度是身体椎骨的12倍。可惜这个"梳子"却没有梳子该有的功能，因为这些椎骨刺是被皮肤包裹起来的。

■ 拉丁文学名	Ctenosauriscus
■ 学名含义	梳子蜥蜴
■ 中文名称	梳棘龙
■ 类	劳氏鳄类
■ 食性	肉食性
■ 体重	150~300千克
■ 体形特征	背部具有大型背帆
■ 生存时期	三叠纪早期到中期
■ 生活区域	亚洲、非洲、欧洲、北美洲

3~4米

1.8米

 如帆的后背

梳棘龙背部的大型帆状物由神经棘构成。背帆上覆盖一层薄皮，皮里布满了微血管，起到散热的作用。

 **四足行走**

1998年的一项研究提出，梳棘龙是两足行走的，它的长神经棘有助于吸收两足行走的冲击力。但是2011年的研究结果否定了这点推论，认为梳棘龙是四足行走。

尾部控方向

　　皮氏吐龙的尾巴上没有鳍，但是尾巴同样可以协助身体控制方向，游泳的时候帮助它掌握平衡。

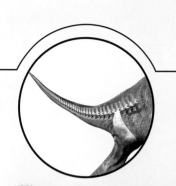

 独特的水中潜游

　　皮氏吐龙有四个鳍状肢。而脊椎骨的僵直状态表明它可以用鳍状肢向前滑动，可能借用鳍状肢的滚动与上下动作来推动自己前进。这在水生动物中是不常见的。

皮氏吐龙 [深海长戟]

>>>>>>>>>>>>>>>>>>>>>>>>>>>>>

　　三叠纪中期，海洋里生活着古老的海生爬行动物——皮氏吐龙。皮氏吐龙在生理上同时拥有幻龙类（体形）和蛇颈龙类（僵直脊椎骨）的特征，它们的头、颈和鳍状肢也与蛇颈龙类相似。虽然皮氏吐龙不是蛇颈龙类的直系先祖，但两者应该是近亲。

· 皮氏吐龙 |

▪ 拉丁文学名	Pistosarus
▪ 学名含义	皮氏吐的蜥蜴
▪ 中文名称	皮氏吐龙
▪ 类	蛇颈龙类
▪ 食性	肉食性
▪ 体重	不详
▪ 体形特征	鳍状肢
▪ 生存时期	三叠纪中期
▪ 生活区域	法国、德国

嗅觉的回应

移动时，皮氏吐龙内鼻孔前侧的腭骨沟槽让水流过，然后水从内鼻孔后侧流出。当水从鼻管中流过时，其嗅觉器官能够感应到气味。

3米

1.8米

三叠纪的动物

在三叠纪大部分时期，我们熟悉的恐龙只占三叠纪生物中的一小部分，生活在这一时期的其他爬行动物有蛇颈龙类、海龟类、蜥蜴类、楯齿龙类、鱼龙类、幻龙类、恩吐龙类、植龙类和劳氏鳄类等。

 嗅觉渗透

在水中，奥古斯塔龙的嘴部器官可以帮助它们发现猎物的气味，可以像如今的鲨鱼一样追踪远处的猎物。

 转折格斗

奥古斯塔龙的脖子相对较短，但是强壮有力。强壮的颈部是捕杀猎物扭动时最好的武器。

鳍龙超目

鳍龙超目因肩膀的适应性特征而分成一类。可以说，这种海生的爬行动物在中生代是海洋中的超级掠食者。此外，该超目包括了海龙类、楯齿龙类、幻龙类和蛇颈龙类，真可谓是一个庞大的家族。

奥古斯塔龙 ［奥古斯塔海怪］

>>>>>>>>>>>>>>>>>>

奥古斯塔山位于美国内华达州西北部，在两亿年前的三叠纪，奥古斯塔龙就生活在这里。奥古斯塔龙是蛇颈龙类的一属，与皮氏吐龙都属于皮氏吐龙类。不过近年分支系统学分析发现，皮氏吐龙类是蛇颈龙类的姐妹分类单元。

·奥古斯塔龙

拉丁文学名	Augustasaurus
学名含义	奥古斯塔山的蜥蜴
中文名称	奥古斯塔龙
类	蛇颈龙类
食性	肉食性
体重	不详
体形特征	长有肥大的鳍状肢
生存时期	三叠纪中期
生活区域	美国内华达州

 3米

 1.8米

 扁平的"船桨"

奥古斯塔龙的四肢骨骼已演化成窄长、扁平且尖利的鳍状结构。它们可能利用这些鳍状肢如海狮般在海中"飞翔"。当然海狮只会用到两肢,而奥古斯塔龙可用四肢。

 保护眼球的巩膜环

水体会给鱼形动物的头部前端以强烈的推力，然后流过眼部。由于巩膜环的存在，混鱼龙的眼睛就能得到这些小骨片的妥善保护。

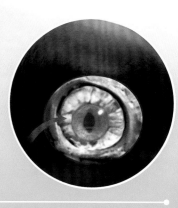

镶嵌进化

镶嵌进化指的是动物在进化过程中受自然因素影响，在它的作用下，部分器官生长速率不同的现象。自然选择可以在动物进化的过程中独立作用，使其有不同的适应特征，于不同的时间，以不同的速率改变器官特征。

 原始的印记

混鱼龙每个鳍状肢由5个脚趾构成，而较晚期的鱼龙类每个鳍状肢由3个脚趾构成。此外，混鱼龙每个脚趾的骨头比一般鱼龙类的脚趾骨更为独立。

拉丁文学名	Mixosaurus
学名含义	混合蜥蜴
中文名称	混鱼龙
类	鱼龙类
食性	肉食性
体重	不详
体形特征	鳍状肢由5个脚趾构成
生存时期	三叠纪中期
生活区域	亚洲、欧洲

1米　　1.8米

 飞速游弋

混鱼龙的尾巴向下，四肢呈鳍状，身体是流线型的，因而游泳速度极快，在水中留下华丽的身影。

混鱼龙 [海世界小游侠]

>>

　　2.34亿年前的三叠纪中期有一种比较原始的鱼龙类，那就是著名的混鱼龙。身影遍布全世界（包括亚洲、欧洲等）的混鱼龙外观上保留了不少原始爬行动物的形态，例如每个鳍状肢都由5个脚趾构成。这种较为原始的鱼龙类是介于杯椎鱼龙类和鱼龙类之间的生物，可能和杯椎鱼龙共同在海洋里生活了上千万年。

杯椎鱼龙

[深海潜龙]

进入三叠纪，鱼龙开始出现爆炸性的迅速演化，以杯椎鱼龙为代表的重要类群亮相海底。杯椎鱼龙是中生代海洋里的猛兽，是最不像鱼类的鱼龙类之一。它们的身体圆润细长，尾巴像鳗鱼一样扁长。杯椎鱼龙的化石最早发现于德国与美国内华达州。中国贵州的上三叠统地层曾经发现过"亚洲杯椎鱼龙"，但是目前已经并入萨斯特鱼龙属，这也反映了这两个属的相似性。

"餐桌"上的菜品

杯椎鱼龙有一个大的颌部，里面布有多排小牙齿，虽然无法咬住大型生物，但这样的牙齿可以捕捉到小、中型的猎物，如小型鱼类和头足类动物等。

生产

为了捕食，成年的杯椎鱼龙可能会花费大部分时间深潜海底，但是当它们想要生下小宝宝时，就会来到浅海区。杯椎鱼龙可能会像其他的鱼龙类一样直接产下孩子。

·杯椎鱼龙

■ 拉丁文学名	Cymbospondylus
■ 学名含义	船的脊
■ 中文名称	杯椎鱼龙
■ 类	鱼龙类
■ 食性	肉食性
■ 体重	不详
■ 体形特征	颌骨较大，尾鳍细长
■ 生存时期	三叠纪中期
■ 生活区域	美国内华达州、德国

10米

1.8米

 巩膜环的作用

　　鱼龙有着非球形的扁平眼球，巩膜环构造能充分保护鱼龙的大型眼球。

 迅雷不及掩耳之势

　　杯椎鱼龙没有像后期鱼龙那样背鳍隆起，并在尾部形成似月的尾鳍。杯椎鱼龙的长尾适合用来游泳，可快速地冲进鱼群捕食。它们常常在深水区游弋，等待送上门的猎物，然后用尾部的冲力进行迅速猎杀。

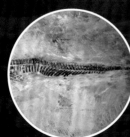

中国最古老的豆齿龙化石

豆齿龙类化石以前主要发现于欧洲以及
中东和北非的个别地点，完整的化石很少。本
世纪初我国贵州晚三叠世地层中也有少量发
现。2008年，科学家在云南地层中发现了一件
非常精美的化石标本，不仅年代更为古老，而
且是世界上最完整的豆齿龙类化石。

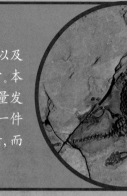

 奇怪的盔甲

豆齿龙背上的大壳覆盖
着近似菱形的甲片，由颈部
一直延伸到后肢，可是到了
荐骨处就没有了"盔甲"的保
护，最后在靠近尾巴的地方
又长出一块甲板覆盖住臀部
和尾巴相连的部分。

"心形"脑袋

豆齿龙最独特的地
方是它那呈心形的头
骨。头骨宽广且非常强
壮，头骨中有很多大的
洞孔，能够帮助豆齿龙
减重。

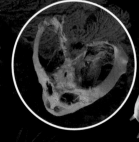

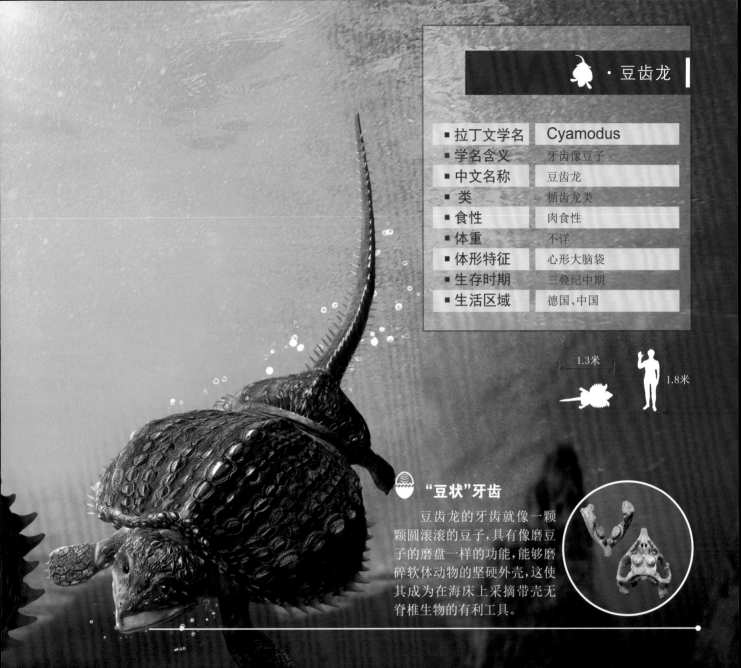

拉丁文学名	Cyamodus
学名含义	牙齿像豆子
中文名称	豆齿龙
类	楯齿龙类
食性	肉食性
体重	不详
体形特征	心形大脑袋
生存时期	三叠纪中期
生活区域	德国、中国

1.3米

1.8米

"豆状"牙齿

豆齿龙的牙齿就像一颗颗圆滚滚的豆子，具有像磨豆子的磨盘一样的功能，能够磨碎软体动物的坚硬外壳，这使其成为在海床上采摘带壳无脊椎生物的有利工具。

豆齿龙 [匪夷所思的海中小怪]

>>>

在中生代的海洋中，生活着许多海怪。它们长相奇特，豆齿龙便是其中的代表。1863年，有一个引人注目的长有心形脑袋，夸张大嘴巴，身体像个烙饼似的化石被发现，这就是豆齿龙。2000年，中国也发现了豆齿龙化石，颠覆了楯齿龙类可能起源于古海洋——西特提斯海的观点，为其研究古生物繁衍生息的场所提供了更多线索。

补偿的功能

楯齿龙是楯齿龙家族的早期成员。与后来的家族成员不同的是,这个楯齿龙没有盔甲,它的两侧生出粗壮的肋骨。此外,其身体上方还发育出一排瘤状突起,可以更好地保护楯齿龙。

坚固的腹肋筐

你一定没有想过将楯齿龙切开吧。但是,如果你将它"一刀两断",就会发现楯齿龙的身体横截面好似一个正方形的匣子,就像一个大筐,不仅能够保护腹部,同样也可以支撑脆弱的内脏。

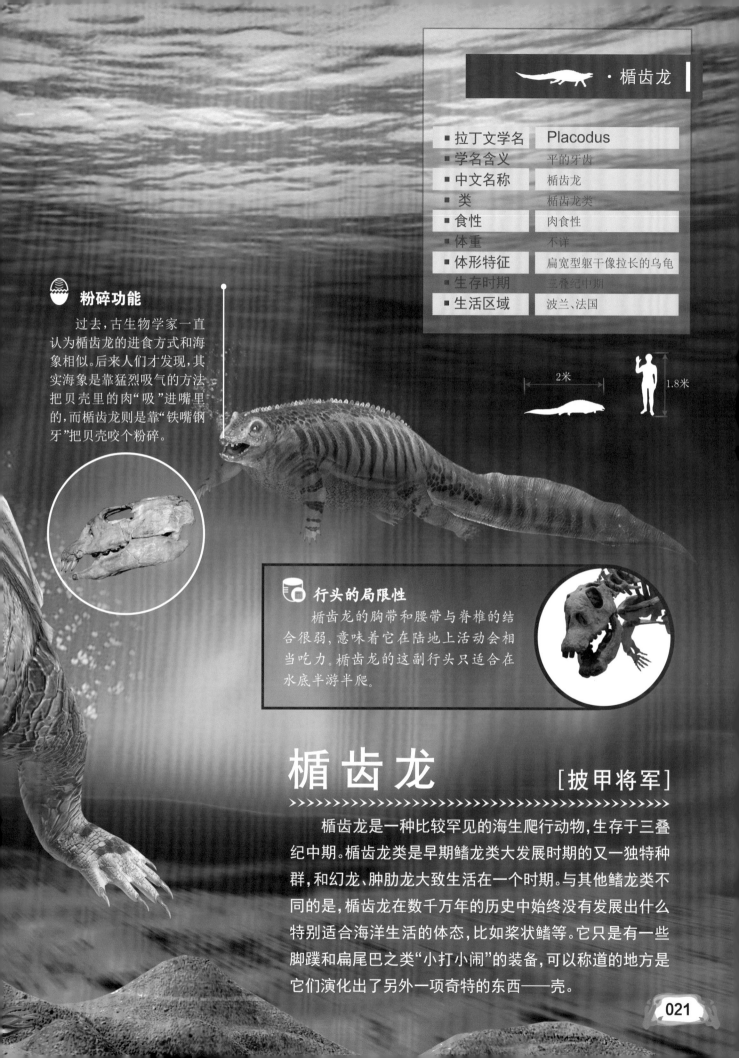

拉丁文学名	Placodus
学名含义	平的牙齿
中文名称	楯齿龙
类	楯齿龙类
食性	肉食性
体重	不详
体形特征	扁宽型躯干像拉长的乌龟
生存时期	三叠纪中期
生活区域	波兰、法国

2米

1.8米

粉碎功能

过去，古生物学家一直认为楯齿龙的进食方式和海象相似。后来人们才发现，其实海象是靠猛烈吸气的方法把贝壳里的肉"吸"进嘴里的，而楯齿龙则是靠"铁嘴钢牙"把贝壳咬个粉碎。

行头的局限性

楯齿龙的胸带和腰带与脊椎的结合很弱，意味着它在陆地上活动会相当吃力。楯齿龙的这副行头只适合在水底半游半爬。

楯齿龙 [披甲将军]

>>>

楯齿龙是一种比较罕见的海生爬行动物，生存于三叠纪中期。楯齿龙类是早期鳍龙类大发展时期的又一独特种群，和幻龙、肿肋龙大致生活在一个时期。与其他鳍龙类不同的是，楯齿龙在数千万年的历史中始终没有发展出什么特别适合海洋生活的体态，比如桨状鳍等。它只是有一些脚蹼和扁尾巴之类"小打小闹"的装备，可以称道的地方是它们演化出了另外一项奇特的东西——壳。

芙蓉龙

[像帆一样的调控仪]

▶▶▶▶▶▶

1970年,张家界桑植县芙蓉桥村村民挖地时随便挖下就出现一些碎的骨头状石头。这些古怪的石头就是后来的大明星——芙蓉龙。如今,在芙蓉龙化石发掘现场,约80平方米的区域内,布满了大量化石,这些化石90%以上是芙蓉龙化石,还有少量其他生物化石。芙蓉龙是一种大型的植食性四足动物,没有牙齿的颌部和背上的帆状物是它最明显的特征。

 隆起的帆

芙蓉龙的背上有似帆的隆起,类似二叠纪时期的盘龙类,如异齿龙和基龙,只是没有它们的高而已。古生物学家推测,芙蓉龙身上的"帆"可能像"调控仪"一样可调节体温,让它更好地适应环境。

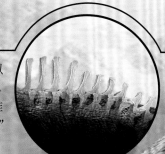

比智商

植食性恐龙的大脑和体形相差悬殊,表明它们不会有高智商。肉食恐龙就有较大的大脑,帮助其狩猎时制订详细的计划。

· 芙蓉龙

拉丁文学名	Lotosaurus
学名含义	芙蓉蜥蜴
中文名称	芙蓉龙
类	劳氏鳄类
食性	植食性
体重	不详
体形特征	背部神经棘高大
生存时期	三叠纪中期
生活区域	中国湖南省

2.5米

1.8米

喙嘴切割

芙蓉龙的嘴像现生鹦鹉的喙状嘴，用来切割树叶。虽然切割部位坚硬，但越靠近喙状嘴，其附着肌肉就越柔软，可弯曲程度就越大。

敦实的四肢

芙蓉龙的四肢短而粗壮，是体形庞大的四足动物。

亚利桑那龙　[亚利桑那的恶魔]

>>>

三叠纪中期，陆地上最凶猛的动物是亚利桑那龙这样的肉食性劳氏鳄类。它们在沙漠中四处搜寻，专门猎杀那些生活在绿洲的大型植食爬行动物。亚利桑那龙的第一块化石发现于1947年，当时的科学家误以为那是恐龙化石。直到2000年，人们才认识到它属于劳氏鳄类。

🥚 稳健的行走

亚利桑那龙的指（趾）部分开呈枫叶状，这样的构造犹如四根柱子，使亚利桑那龙在行走中稳定自如。

■ 拉丁文学名	Arizonasaurus
■ 学名含义	亚利桑那的蜥蜴
■ 中文名称	亚利桑那龙
■ 类	劳氏鳄类
■ 食性	肉食性
■ 体重	不详
■ 体形特征	背上有高高竖起的帆
■ 生存时期	三叠纪中期
■ 生活区域	美国

 晨际狩猎

亚利桑那龙背部长有高高的背帆,在早晨气温较低的时候,背帆可从阳光中吸取热量,有助于它们保持体温。由此也使得亚利桑那龙行动更敏捷,更容易捕食到那些行动迟缓的动物。

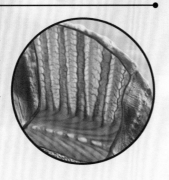

4~6米

1.8米

切肉"餐刀"

亚利桑那龙口中布满了刀片状的牙齿,它的锋利程度如同餐刀,帮助亚利桑那龙猎食时撕扯猎物的肉体。

劳氏鳄类

劳氏鳄类属于主龙类集合群,是生存于三叠纪中期的掠食者,大多数体形很大,通常为4到6米长,它们被归类于镶嵌踝类主龙。

色雷斯龙 [短脑袋的幻龙]

20世纪初期,色雷斯龙的化石在欧洲被发现,并由佩耶尔在1931年命名。色雷斯龙是一种已灭绝的海生爬行动物,属于幻龙类。色雷斯龙的身体比它们的近亲还要修长,拥有鳍状肢,类似较后期的蛇颈龙类。色雷斯龙有着已知幻龙类中最短的头骨,这个特征使它们成为幻龙类中外表最像蛇颈龙类的物种。

神秘的食谱

色雷斯龙天生就是追逐机器,它们会捕食肿肋龙等小动物。一些肿肋龙化石在色雷斯龙的胃部区域被发现,似乎证明了这个推论。

·色雷斯龙

▪ 拉丁文学名	Ceresiosaurus
▪ 学名含义	色雷斯的蜥蜴
▪ 中文名称	色雷斯龙
▪ 类	幻龙类
▪ 食性	肉食性
▪ 体重	不详
▪ 体形特征	呈多指形的鳍状肢
▪ 生存时期	三叠纪中期
▪ 生活区域	欧洲

诡异的头骨

色雷斯龙有点怪,它缺乏幻龙类的一个显著特征——头骨上的大颞孔。色雷斯龙的颞孔并不大,而且外鼻孔靠前,枕骨边缘也不像其他幻龙一样异常突出。可以这么说,如果仅仅观察色雷斯龙的头骨,你会发现它与蛇颈龙头骨并没有多大差别。

 4米

1.8米

后肢推进

色雷斯龙的腿骨较短,腰带僵硬,同时后趾骨发达,尾部宽厚,显示它们主要靠后肢在水中推进,这与它的近亲欧龙靠前肢"划水"的游泳技法大相径庭。

🥚 致命牙齿

幻龙的牙齿也很有意思,其前部的牙齿比较细长,后部的牙齿短小稀疏。和蛇颈龙一样,幻龙有着结构复杂的双重颌部内收肌,因此不难推测出,它们可以像今天的鳄鱼一样进行快速有力的猛咬,猎物一旦入口就很难挣脱。

🛢 惬意的生活

敏捷的幻龙绝大部分时间生活在海洋中,可以捕捉许多种食物,例如菊石和鱼等。尽管它们天生是水栖动物,但有时也会到陆地上生活。幻龙很喜欢到陆地上晒太阳,如同今日的海龟和鳄鱼一样。

幻龙 [迷幻的"海洋杀手"]

>>

在2.4亿年前的三叠纪中期,生活着一种半海生动物——幻龙。它们遨游于大海之中,过着类似现生海豹一样的生活。幻龙是已灭绝的鳍龙类家族成员之一,也是幻龙目中的"明星大咖"。幻龙的身体在许多方面类似较晚期的蛇颈龙类,但它们没达到蛇颈龙类那般的高度适应水生环境的程度。幻龙是最古老的海洋爬行动物之一,被称为著名的"海洋杀手"。

■ 拉丁文学名	Nothosaurus
■ 学名含义	假冒的蜥蜴
■ 中文名称	幻龙
■ 类	幻龙类
■ 食性	肉食性
■ 体重	1000千克
■ 体形特征	钉状尖牙
■ 生存时期	三叠纪中期
■ 生活区域	德国

 游泳方式

　　古生物学家猜测，幻龙是采用四肢"划桨"的方式游泳，而不像今天的鬣蜥和巨蜥那样主要靠尾巴在水中推进。不过也有人表示它主要是靠侧向摆动来游泳的，四肢只是起到转舵的作用。

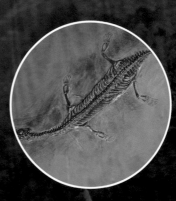

游泳高手

　　幻龙类四肢略长，尺骨比肱骨短、胫骨和腓骨也比大腿骨短很多，还有就是幻龙类的上臂比下臂长，大腿比小腿长，而且是长1倍以上。这种肢体结构是明显的水生习性的证据。

水下高手

贵州龙是一种生活在水中的动物，偶尔在陆地上爬行，它们长长的脖子和大眼睛正好用来在水面上观察四周情况，一旦发现捕食者，它们就用发达的前肢快速拨水逃走，而且凭借发达的肺部，贵州龙可以长时间地潜入水下进行觅食或躲避来犯之敌。

奇异的卵胎生

在一些贵州龙化石的腹部中，可以发现许多小贵州龙的骨骼化石，这些"胎儿"都分布在化石体内腰部两侧，而其中一件标本可以发现其腹部小贵州龙的骨骼排列都是头在外、尾巴向内的方位，这也是贵州龙卵胎生的证据。

大眼看水底

贵州龙的眼眶宽大突出，对于它们这种不可能攀高望远（例如壁虎）的动物来说，大眼睛没多少实际用途，倒是适合于在比较深、光线昏暗的水中看东西。

贵州龙

［中国贵州的奇妙生物］

>>

古生物学界一提到肿肋龙类就肯定会提到中国，因为中国是这类动物化石最丰富的国家，而贵州龙就是中国最典型、最常见的一种肿肋龙类。1957年，中国地质博物馆胡承志研究员在途经贵州兴义市顶效镇时，发现了这从未见过的、保存十分完整的长颈长尾古爬行动物化石。当地老乡看见胡承志对这种小东西情有独钟，都大惑不解，他们告诉胡承志这是当地极为常见的"四脚蛇"。胡承志把化石标本带回北京，后经杨钟健院士鉴定，确认这是一种生活于三叠纪的水生爬行动物，并命名为贵州龙。

拉丁文学名	Keichousaurus
学名含义	贵州蜥蜴
中文名称	贵州龙
类	肿肋龙类
食性	肉食性
体重	不详
体形特征	四肢尚未退化成鳍脚
生存时期	三叠纪中期
生活区域	中国贵州省

0.3米

1.8米

游泳健将

　　贵州龙的身体形状呈优美的流线型，适合于在水中畅游。它的前趾和后趾细长，若用来支撑身体或在岸上行走会有点吃力，用于划水倒是再适合不过了，因此古生物学家推断在它们的趾间应该有蹼。

巨胫龙 [史前饕餮客]

>>>>>>>>>>>>>>>>>>>>>>>>>>>>>>>>>>>>>>>

　　巨胫龙为一种神秘而奇特、具有非常长的胫骨的原龙类，它是肉食性的小型陆生动物。巨胫龙生存于三叠纪中期的欧洲与中国。其中中国的标本发现于云南富源，并命名为富源巨胫龙。而来自欧洲的巨胫龙类足迹化石则与大量的鲨一起保存，学者推测这些巨胫龙很可能捕食鲨以及它们的卵。

 锋利的爪子

　　巨胫龙的四肢有非常锋利的爪子，使得它的小身子可以很轻松地在树上附着和攀爬，增加了巨胫龙捕食的成功率，同时也增加了它的避险率。

 细长的牙齿

　　巨胫龙的嘴巴尖细，鼻骨的前端延伸至前上颌骨前端。嘴内牙齿形态均相似，但大小不一，均细长且密集排列着，齿尖较尖细，但略向后倾斜。这样的牙齿分布可以帮助巨胫龙很好地咬住食物。

·巨胫龙

巨胫龙的食物

    足迹学发现，巨胫龙可能以鲎的卵为食。鲎又名"马蹄蟹"或"夫妻鱼"，它们的历史比恐龙还要久远，而且迄今尚未灭绝。中国的南部沿海时常可以看到。

■ 拉丁文学名	Macrocnemus
■ 学名含义	长胫骨
■ 中文名称	巨胫龙
■ 类	原龙类
■ 食性	肉食性
■ 体重	不详
■ 体形特征	长胫骨
■ 生存时期	三叠纪中期
■ 生活区域	中国、欧洲

1.8米

0.3米

 ### 奇特的长胫骨

    巨胫龙具有一个奇特且非常长的胫骨，位于小腿的内侧。胫骨为小腿骨中主要承重骨，对支撑体重起着重要作用。

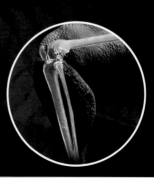

长鳞龙

[史前"滑翔机"]

在2.3亿年前的三叠纪中期，现今的吉尔吉斯斯坦地区，生活着一种类似蜥蜴的爬行动物——长鳞龙。这种动物看起来和现在的飞蜥类似，但其滑翔的工具不是肋骨的翼膜，而是很长的鳞片。一些学者认为，这些鳞片实际是鸟类羽毛的原形。学者之间对于长鳞龙的归属问题有很多的争议：一些学者认为长鳞龙是种冷血的、能够滑翔天际的原始鸟类；而其他学者则认为它是只躺在蕨类植物上的蜥蜴。

🥚 分类不清

长鳞龙的颅骨特征亦同样很难鉴定，这使其在不同分类单位中来回变化。2001年，有古生物学家认为，不能根据长鳞龙的颅骨开孔来确定其分类，因为这些孔可能在石化的过程中损坏变形了。

 羽毛的是非

长鳞龙的背上延伸出一排（7个）类似羽毛的结构，这些类羽毛结构细长狭窄，整体看上去就像一根根曲棍球棍。在每根"羽毛"的中央有突起的棱脊，两边是平扁的附着物。此外，在这些条状物的末端还可看见交错的棱脊和沟痕。这些条状物曾经被怀疑是羽毛。

▪ 拉丁文学名	Longisquama
▪ 学名含义	长的鳞片
▪ 中文名称	长鳞龙
▪ 类	鸟首龙类
▪ 食性	植食性
▪ 体重	不详
▪ 体形特征	一排类似羽毛的结构
▪ 生存时期	三叠纪中期
▪ 生活区域	吉尔吉斯斯坦

0.1米　　1.8米

 毛绒绒

艺术家给长鳞龙画上了毛绒绒的毛发，这是大胆想象的结果。化石证据已经表明，毛状衍生物，甚至羽毛的出现可能不止一次，那么它们最早出现在何时呢？目前还是一个谜。

化石的形成

化石的形成并非一朝一夕，只有当各种条件按照一定顺序得以实现时，生物才能形成化石。化石也分为很多种，比如骨骼化石、足迹化石、矿物化石和模铸化石，还有极其罕见的"木乃伊"——连内脏器官轮廓都保存完好的化石。

巩膜环护航

阿氏开普吐龙的眼睛可以帮助它更清楚地观察四周环境。此外,在它的眼睛周围还布有巩膜环,具有免于巨大水压压碎眼睛的作用。由此古生物学家推断,阿氏开普吐龙是在深海中捕猎的动物。

海龙真身

中国有着阿氏开普吐龙的近亲,那就是世界上最大的海龙类动物之一——黄果树安顺龙,其体长可达3.5米。甚至有些古生物学家认为黄果树安顺龙与阿氏开普吐龙的关系可能更为密切,有可能是同一种动物。

阿氏开普吐龙 [海龙真身]

>>>>>>>>>>>>>>>>>>>>>>>>>>>>>>>>>>>>>

在三叠纪中期的欧洲,大海里生活着一种非常瘦长的动物——阿氏开普吐龙。它们以类似鳗鱼的游泳方式借助有蹼的四肢游动,眼睛在大海中能够自如地观察周围情况。科学家们认为阿氏开普吐龙能深潜入水中去找寻鱼类食物,它们大部分时间是在海洋中度过的,可能只有在生蛋的时候才会到陆地上来。

■ 拉丁文学名	Askeptosaurus
■ 学名含义	阿氏开普的蜥蜴
■ 中文名称	阿氏开普吐龙
■ 类	海龙类
■ 食性	肉食性
■ 体重	不详
■ 体形特征	体形瘦长,有鳍状肢
■ 生存时期	三叠纪
■ 生活区域	瑞士、意大利

摇摆的蹼状肢

阿氏开普吐龙长有蹼状肢,用蹼状肢前进。蹼状肢能增加身体前行的动力,减少水的阻力,使得它们能够很好地掌握身体的控制力,自由地游弋深海。

2米　　　1.8米

灵活长尾巴

阿氏开普吐龙有一条很长的尾巴,像鞭子一样。但水中的阻力可能不会让阿氏开普吐龙的尾巴发挥此种作用,只会帮助它们在水中灵活地游动。

有争议的斯克列罗龙

斯克列罗龙的演化位置一直是存在争议的。有些古生物学家认为它们是最原始的鸟颈类主龙，但是其他人则认为它们是翼龙类的姊妹分类单元。因此这只有争议的小动物还需要更久的时间才能找到亲人了。

长长的后腿

斯克列罗龙是一种非常奇怪的动物，它的前后肢比例极不协调，后肢比前肢长得多。这与翼龙恰恰相反，翼龙的前肢，也就是翅膀，要比后肢长得多，也强壮得多。由于后肢很长，斯克列罗龙可能生活在树上，跳跃穿行在树木的枝干之间。

它或许能飞翔

一些古生物学家甚至认为斯克列罗龙可能会滑翔，它前肢折起的皮肤可以当作翅膀。因此，斯克列罗龙呈现了翼龙演化发展的一个阶段，有可能是这种在树上攀爬跳跃的生物的直系祖先。它们逐渐演化出像滑翔动物那样的飞行薄膜。

■ 拉丁文学名	Scleromochlus
■ 学名含义	坚硬的支点
■ 中文名称	斯克列罗龙
■ 类	鸟颈类主龙类
■ 食性	肉食性
■ 体重	不详
■ 体形特征	后腿很长
■ 生存时期	三叠纪晚期
■ 生活区域	苏格兰

尖细的牙齿

斯克列罗龙的嘴是尖细的,内部布满了很多细小尖锐的牙齿,这就使得斯克列罗龙在捕猎时可以快速地咬住猎物并撕碎它们。

0.23米　1.8米

斯克列罗龙 [苏格兰小精灵]

>>>>>>>>>>>>>>>>>

三叠纪晚期的苏格兰,生活着斯克列罗龙。它身长23厘米,是体形娇小且善于行走的小动物。斯克列罗龙的正模标本只有部分骨骼,缺少部分头骨和尾巴。研究表明,斯克列罗龙的步态像袋鼠或跳兔一样,呈现跳跃式。如果斯克列罗龙属于翼龙类,科学家就可以揭示翼龙的进化过程,因为早期的翼龙可能具有跳跃前进的特点。

过渡转化

虽然黔鱼龙的四肢仍是长鳍型（典型的三叠纪鱼龙特征），但其后肢肱骨已经有了变短、变宽的趋势，且前肢掌骨和指骨都已经成圆形，这是侏罗纪鱼龙的特征。

尖利的嘴巴

黔鱼龙的嘴巴很是尖利，嘴里布满了细小锋利的牙齿。如此的嘴部构造是黔鱼龙适应环境的结果，帮助它们捕食身体滑溜溜的海底鱼儿，让鱼儿无处可逃。

 仿似"驼背"

黔鱼龙还有一些独特的结构，就是它们上躯干部的脊柱极度隆起，其程度已经超过了侏罗纪时期和白垩纪时期的鱼龙，乍看上去好似人的驼背一样。

■ 拉丁文学名	Qianichthyosaurus
■ 学名含义	贵州发现的蜥蜴
■ 中文名称	黔鱼龙
■ 类	鱼龙类
■ 食性	肉食性
■ 体重	不详
■ 体形特征	又圆又大的双眼
■ 生存时期	三叠纪晚期
■ 生活区域	中国贵州省

1.6米   1.8米

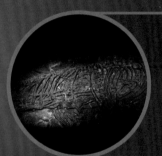

🗄 **清晰可见的腹腔**

这件贵州省关岭县新铺乡发掘出的黔鱼龙化石，腹腔内有5条幼仔(为卵胎生)，骨骼清晰，保存完整。据考证，黔鱼龙化石腹腔内的幼仔最多可达16条，真是"光荣的母亲"。

黔鱼龙

[驼背水怪]

>>>>>>>>>>>>>>>>>>>>>>>>>>>>>>>>>>>>

1999年，中国贵州关岭又传来佳音，古生物学家在新铺乡黄泥塘地段发掘出两具极为奇特的鱼龙化石，定名为周氏黔鱼龙，种名献给古生物学家周明镇教授。这是一种中小体形的三叠纪晚期鱼龙，之所以说它奇特，是因为黔鱼龙同时具备了三叠纪鱼龙和侏罗纪鱼龙的双重特征，这种过渡形态的品种为古生物学家研究鱼龙的发展带来了重要的信息。

肖尼龙

[最大的鱼龙]

在2.15亿年前的三叠纪晚期的海洋里,生活着目前已发现最大的鱼龙类——肖尼龙。1920年,肖尼龙的首批化石在美国内华达州被发掘。此后不久,便因其硕大的体形与怪异的模样成为内华达州的"州化石"。肖尼龙的模式种是通俗肖尼龙,身长15米,在当时震惊了世界。而加拿大发现的第二个种——苏柯肖尼龙,已证实身长达21米。以肖尼龙为代表的鱼龙现世,标志着鱼龙最辉煌的时代已经来临。

🥚 奇怪的躯体

肖尼龙没有演化出背鳍,此外,它的尾巴上叶较不突出,不像其他进化的鱼类的尾巴那样发育。换一种说法,它们很可能并没有演化出类似现生海豚的尾鳍。

被当作脸盆的脊椎

和中国西峡恐龙蛋化石最初被村民拿来筑造猪窝一样,美国的矿工把矿场里常见的一种扁圆形大石头"废物利用",直接当成脸盆使用,但这其实是前后凹陷的肖尼龙脊椎化石。

🥚 捕食功能

肖尼龙牙齿上的珐琅质并没有条纹，不利于牙齿快速拔离鱼肉。这个明显不同于其他鱼食性的海生动物特征，是不是意味着肖尼龙并不太爱吃鱼呢？

■ 拉丁文学名	Shonisaurus
■ 学名含义	来自肖尼山脉的蜥蜴
■ 中文名称	肖尼龙
■ 类	鱼龙类
■ 食性	肉食性
■ 体重	36 000~50 000千克
■ 体形特征	极其硕大的体形
■ 生存时期	三叠纪晚期
■ 生活区域	加拿大、美国内华达州

（图中约为15米）
15~21米

 1.8米

🥚 慢慢划动的巨鳍

肖尼龙最特别之处就是四个几乎等长的巨大鳍肢，这大大区别于它们的近亲。其他鱼龙的四肢总是不大不小地依附在躯体边上，并且前后大小有区别。

盒龙

[三叠纪小恶霸]

>>>

　　20世纪90年代,古生物学家在美国得克萨斯州发现了可追溯至三叠纪晚期的恐龙化石——盒龙。盒龙是一种小型兽脚类恐龙,它的化石存量非常有限,目前只发现了一些孤立的腰带骨。盒龙所在的生态圈还包括了主龙类的特髅龙和其他早期兽脚类恐龙,这些成员中有的留下了不少双足恐龙的足迹。

🥚 指爪力道

　　盒龙的指呈弯曲状且尖利,可以快速有效地捕捉猎物。

得到启示

　　古生物学家通过研究现生的动物了解了许多灭绝动物的信息。比如,鸵鸟和肉食恐龙的后肢几乎没有差异。古生物学家通过观察鸵鸟的行走方式,能推测出兽脚类恐龙是怎样行走的。

·盒龙

▪ 拉丁文学名	Caseosaurus
▪ 学名含义	盒子的蜥蜴
▪ 中文名称	盒龙
▪ 类	兽脚类
▪ 食性	肉食性
▪ 体重	50千克
▪ 体形特征	前肢可辅助捕杀猎物
▪ 生存时期	三叠纪晚期
▪ 生活区域	美国得克萨斯州

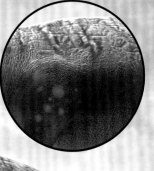

🥚 皮肤的功能

恐龙皮肤的主要功能是避免受到昆虫、猎食者和中生代阳光的侵害。皮肤上的图案或者花纹能向敌人和同伴传达信息。

2米 1.8米

🥚 撑起身躯

盒龙的后肢强壮有力，能够起到支撑身体重量的作用。后肢趾爪分布均匀，强化抓地力，使得盒龙的行走非常稳当。

被错认的曙奔龙

曙奔龙在最开始被认为是始盗龙的一种，然而当古生物学家们更细致地研究曙奔龙的骨骼化石时发现，它的一些骨骼特征是始盗龙所没有的。最终科学家们确认它是一种新型恐龙。

可抓握的手掌

曙奔龙两只手掌各有4根手指，第四根手指（相当于人类的小手指）的大小同另三根手指相比极小。这样独特的可抓握手部可辅助它们猎杀动物。

快速的奔跑者

曙奔龙的胫骨长于股骨。虽然科学家们不能确定它到底能跑多快，但估计能以每小时30千米的速度奔跑，不愧于它"奔跑者"的称号。

苗条的身体

曙奔龙是一种相当小的恐龙，从鼻子到尾端的长度仅为1.2米，这在庞大的恐龙家族中实在是太渺小了。但它们的躯干细长优美，让人觉得它很精致可爱。

拉丁文学名	Eodromaeus
学名含义	黎明的奔跑者
中文名称	曙奔龙
类	兽脚类
食性	肉食性
体重	不详
体形特征	躯干细长优美
生存时期	三叠纪晚期
生活区域	阿根廷

1.2米　　　1.8米

曙奔龙

[黎明使者]

1996年，阿根廷古生物学家里卡多和守望地球组织的志愿者墨菲在阿根廷发现了一个接近完整的恐龙骨架化石，它就是黎明的奔跑者——曙奔龙。曙奔龙是基干兽脚类的一属，生活在2.32亿年前到2.29亿年前的三叠纪晚期，模式种是墨菲曙奔龙。这个名字是为了授予墨菲努力工作的荣誉，因为他过去一直在化石产地工作并发现了曙奔龙，从而让人类更了解恐龙的世界。

始盗龙 [月亮谷的小霸王]

▶▶▶▶▶▶▶▶▶▶▶▶▶▶▶▶▶▶▶▶▶▶▶▶▶▶▶▶

　　1993年,始盗龙被发现于南美洲阿根廷西北部一处极其荒芜的不毛之地——伊斯巨拉斯托盆地月谷。始盗龙的发现纯属偶然,当时考察队的一位成员在一堆废置路边的乱石块里居然发现了一个近乎完整的头骨化石,于是趁热打铁,对废石堆一带反复"扫荡",最终这种从未见过的恐龙被发现了。始盗龙是地球上最早出现的恐龙之一,那时候,恐龙已经开始为日后统治地球做好了准备,并迈出了第一步。

🥚 双料"吃货"

　　始盗龙的颌骨不像早期一些肉食恐龙那样,上颌骨和前上颌骨之间有个裂口。与其他肉食恐龙相似,其后面的牙齿像带槽的牛排刀一样,但是前面的牙齿却是树叶状,同植食恐龙相似。这一特征表明,始盗龙很可能既吃植物也吃肉。

- 拉丁文学名　　Eoraptor
- 学名含义　　　曙光盗贼
- 中文名称　　　始盗龙
- 类　　　　　　兽脚类
- 食性　　　　　杂食性
- 体重　　　　　不详
- 体形特征　　　每只手都有5指
- 生存时期　　　三叠纪时期
- 生活区域　　　阿根廷

1米　　　1.8米

恐龙如何"上厕所"

　　绝大多数的鸟类并没有膀胱，其输尿管很短，且直接开口于泄殖腔，所以鸟类的尿液和粪便都由泄殖腔同时排出体外。恐龙的一支演化为鸟类，所以有科学家推断一些恐龙的排泄方式与鸟类类似。

3根功能趾

　　始盗龙腿部的骨骼薄且中空，站立时依靠脚掌中间的3根脚趾来支撑它全身的重量，未来它们的子孙都继承了这样的特征。第1趾只能起到在行进中辅助支撑的作用。

快速出击

圣胡安龙的后部背椎和腰带都非常强壮,可以附着更多的肌肉,加上与同类恐龙相比更长的后肢,完全两足行走的步态,使其成为比较快速的掠食者。

发展的多样性

圣胡安龙跟颜地龙、始盗龙和埃雷拉龙等早期恐龙共同生存于三叠纪晚期的南美洲,显示卡尼阶的盘古大陆南部已有相当多样性的恐龙动物群。

比较发达的前肢

从身体比例上看,圣胡安龙的前肢要比埃雷拉龙的弱一些,但这并不影响它使用前肢,实际上,它的前肢依然是非常有效的辅助捕猎武器。

后身特征

圣胡安龙的耻骨相对较短,长度大约是其股骨长度的一半多。此外,圣胡安龙的股骨第四粗隆部附近还长有不平整的沟痕。这些特征有利于肌肉的附着。

拉丁文学名	Sanjuansaurus
学名含义	圣胡安的蜥蜴
中文名称	圣胡安龙
类	兽脚类
食性	肉食性
体重	200千克
体形特征	耻骨约是股骨长度的一半多
生存时期	三叠纪晚期
生活区域	阿根廷

3米

1.8米

圣胡安龙　[快攻猎手]

>>>

2亿年前三叠纪晚期的阿根廷,当时这里曾是广袤的平原,有许多河道分布,圣胡安龙便生活在那里。1994年,圣胡安国立大学的古生物学家里卡多发现了一具恐龙化石,将它命名为圣胡安龙。圣胡安龙是生存年代最早的恐龙之一,同属埃雷拉龙和南十字龙的姊妹分类单元。最初,研究人员以为这件标本是埃雷拉龙的一个新标本,但经过仔细的修复与研究后,认定是新属物种。

捉摸不定的猎手

2011年,科学家通过对比埃雷拉龙、现生鸟类与爬行动物的巩膜环尺寸,认为埃雷拉龙可能属于无定时活跃性的动物,其觅食、运动等行为跟白天黑夜没有直接的关系。

古病理学

一件埃雷拉龙标本的下颌夹板骨有两个凹处,最初被鉴定为咬痕。凹处的周围肿起、多孔,显示凹处其实是因感染造成的,但感染是短时间的,没有导致该动物死亡。根据感染处的大小和角度,古生物学家推测有可能是埃雷拉龙在打斗时受伤感染。

消化功能小贴士

古生物学家在伊斯基瓜拉斯托组发现了埃雷拉龙的粪化石。这些粪化石包含了小型的骨头，但却没有植物碎片。学者们从粪化石的矿物元素化学分析中发现，埃雷拉龙有消化骨头的能力。

罕见的关节

埃雷拉龙的下颌有个灵活的关节，可以容许下颌骨前后移动，紧紧咬住嘴中的猎物。这种特征在其他恐龙的头部结构中并不常见，但一些蜥蜴独自演化出这种特征。

■ 拉丁文学名	Herrerasaurus
■ 学名含义	埃雷拉的蜥蜴
■ 中文名称	埃雷拉龙
■ 类	兽脚类
■ 食性	肉食性
■ 体重	210~350千克
■ 体形特征	匕首般的牙齿
■ 生存时期	三叠纪晚期
■ 生活区域	阿根廷

3~6米

1.8米

埃雷拉龙 [掠食者始祖]

20世纪70年代，古生物学家由在当地人埃雷拉的引导下于阿根廷圣胡安附近的一处露天地发现了一种恐龙化石。为了纪念埃雷拉的贡献，学者便以他的名字命名埃雷拉龙。埃雷拉龙是公认的世界上最古老的恐龙之一，它们处于恐龙还是很小型的时代。但是，这种中小型的掠食者已经在演化中崭露头角，并迅速崛起，日后统治地球达1.6亿年之久的各式各样的掠食者身上，都能看到埃雷拉龙的影子。

理理恩龙

[顶级杀手]

>>

穿过河畔不远处的蕨类树林,你可能就有机会观看到一场三叠时期的激烈打斗。请屏住呼吸,因为两三只理理恩龙正悄然逼近远处优哉进食的庞然大物,灾祸悄然降临了。理理恩龙是腔骨龙超科的一属,生存于2.28亿年前。它们长得很像侏罗纪的双脊龙,有着长长的脖子和尾巴,后肢强壮有力,前肢却相当短小。理理恩龙是那个时代最大的掠食者,堪称当时的顶级杀手。

🥚 原始的特征

理理恩龙身上还有着很多早期肉食恐龙的特点,比如前肢上有4个手指,不过第4指已退化缩小,后来的肉食性恐龙基本没有第4指了。

🗄 狡猾的战术

理理恩龙平时只猎食小型恐龙,迫不得已才会向板龙等大型植食恐龙进攻。它们通常在水边袭击猎物,趁其饮水时出击,一般猎物都难逃袭击。

·理理恩龙 **I**

拉丁文学名	Liliensternus
学名含义	来自理理恩的蜥蜴
中文名称	理理恩龙
类	兽脚类
食性	肉食性
体重	130千克
体形特征	长尾巴,前肢很短
生存时期	三叠纪晚期
生活区域	德国

5米

1.8米

招摇顶饰的"厄运"

理理恩龙最有特色的地方就是头顶那招摇的脊冠,由薄薄的骨头构成,它很脆弱,如果脊冠被攻击,可怜的理理恩龙也许就会因痛苦而放弃到嘴的食物。当然这对于猎物来说,就是逃跑的绝佳机会了!

最重要的支撑

理理恩龙依靠后肢行走,使得此处的肌肉变得极为强壮有力。另外,由于后肢部位是肉食恐龙重要的猎食工具和致命要害,因此它们要非常小心使后肢不被攻击。

颌部减震

肉食恐龙最特别之处就在于它们的下颌具有减震功能。即使猎物奋力挣扎，位于下颌后部的关节也能保证颌部不易错位。

杂食性齿

艾沃克龙的上颌有着异型齿的齿列，前段牙齿是细长笔直的，两旁的牙齿向后弯曲。这种牙齿排列方式兼顾着植食性和肉食性的特征，所以它被推测是杂食性动物，会吃昆虫、小型的脊椎动物及植物等不同食物。

灵活的前肢

和其他早期肉食恐龙一样，艾沃克龙也有相对发达的前肢，这可以使其便捷地抓取植物，或抓捕昆虫或小动物。

■ 拉丁文学名	Alwalkeria
■ 学名含义	艾沃克的蜥蜴
■ 中文名称	艾沃克龙
■ 类	兽脚类
■ 食性	杂食性
■ 体重	3千克
■ 体形特征	与始盗龙非常相似
■ 生存时期	三叠纪晚期
■ 生活区域	印度

0.5米　　1.8米

 小腿有奥秘

艾沃克龙的腓骨（小腿部）和脚踝之间有一个非常大的关节，这或许为它提供了更加灵活的后肢，有利于在猎捕时瞬间的机动性。

艾沃克龙 [印度霸主]

>>>>>>>>>>>>>>>>>>>>>>>>>>>

　　三叠纪晚期的印度，生活着一种非比寻常的恐龙——艾沃克龙。在当时当地还生活着一些植食性的原蜥脚类恐龙，它们会不幸地成为艾沃克龙的食物。艾沃克龙的现存标本只有一件，而且并不完整，只包含部分上颌骨、齿骨，以及28枚不完整的脊椎、股骨的大部分等。所幸，其中的头部骨骼为我们提供了重要的信息，它们的形态与最早期的兽脚类，尤其是始盗龙非常相似。

南十字龙

[有着专属星座的幸运儿]

三叠纪晚期的巴西,生活着已知最古老的恐龙之一——南十字龙。南十字龙的化石记录极为不完整,只有大部分的脊椎骨、后肢和下颌。从南十字龙的长且强壮的后肢以及满口利牙来看,它可能有能力捕杀同它体形差不多的猎物。虽然我们不能精确地重现这种恐龙的攻击行为和捕食过程,但是从它那轻盈矫健的身形就不难想象,其食谱肯定不仅仅限于小型爬行类,说不定还包括最早的哺乳类动物——人类的远祖。

纤细的长尾

南十字龙的尾巴可能长而细,除了能减轻身体自身重量之外,还能起到稳定平衡的作用,使其在走路和奔跑时更加平稳迅速。

灵敏的奔跑者

南十字龙有着长而纤细的后肢,这是它能快速奔跑的重要特征。南十字龙的后肢可能还有五个脚趾,而后来出现的肉食恐龙后肢则有三个功能趾和一个退化严重的第一趾。

拉丁文学名	Staurikosaurus
学名含义	南十字蜥蜴
中文名称	南十字龙
类	兽脚类
食性	肉食性
体重	不详
体形特征	不详
生存时期	三叠纪晚期
生活区域	巴西

2米

1.8米

下颌有玄机

复原后的下颌显示，南十字龙的下巴可能非常灵活，可以做出前后、左右、上下移动的动作。南十字龙吞食小动物的时候，可以很便利地将猎物往喉咙后方推动。

南十字星座

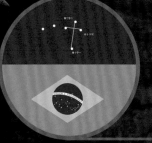

1970年，南十字龙有了自己的名字。因为当时只有很少的恐龙发现于南半球，所以南十字龙就以只能在南半球看到的南十字星座命名。有趣的是，我们在巴西国旗上也可看到南十字星座图案。

太阳神龙 [神祇之龙]

2004年到2006年，古生物学家在美国新墨西哥州的幽灵牧场挖掘出三叠纪晚期的兽脚类恐龙——太阳神龙。太阳神龙生活于2.15亿年前，它的发现非常重要，因为这标志着恐龙起源于盘古大陆的南部并极快地扩散到整个盘古大陆。目前，人们已经发现了约10件太阳神龙骨骼化石，为研究提供了充足的信息。

 牛肉餐刀

太阳神龙的牙齿向下弯曲且生有小锯齿，就像是一把牛排刀。因此太阳神龙一定是一种非常凶猛的肉食恐龙。

 退化的第四指

太阳神龙每个手掌都有三个功能指来抓取猎物，但是还有一个非常短的第四指，可能是退化的结果。

轰动的发现

太阳神龙命名为"Tawa"。"Tawa"在霍皮印第安语中意为"太阳神"。太阳神龙是在幽灵牧场的一个骨床发现的。它的发现有助于古生物学家了解早期恐龙的进化。

·太阳神龙

拉丁文学名	Tawa
学名含义	太阳神
中文名称	太阳神龙
类	兽脚类
食性	肉食性
体重	40千克
体形特征	小型敏捷
生存时期	三叠纪晚期
生活区域	美国新墨西哥州

2米

1.8米

S形脖子

和同期的兽脚类恐龙一样，太阳神龙也有着接近S形的脖子，这个特征延续到后期几乎所有兽脚类恐龙身上。这个特征使得这种掠食者行动更加灵活，有利于捕猎。

无缘电影

在著名古生物科幻小说《侏罗纪公园》与《失落的世界》里,原美颌龙是一种经过基因工程而复活的恐龙。作者将其描述成有毒动物与腐食者。当然,这只是小说的想象,并没有化石证据。而在电影《侏罗纪公园:失落的世界》中,原美颌龙被其远亲美颌龙取而代之,无缘银屏。

致命的小牙齿

原美颌龙的牙齿很小,整齐地布满在它细长的嘴巴里。不要看原美颌龙的牙齿那么细小,一旦咬住猎物,是绝对不会松开的,直至猎物丧命。

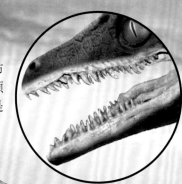

大型爪

原美颌龙四肢虽然前短后长,但都长着与它可爱体形不符的大型锋利大爪,为它捕食昆虫、蜥蜴或其他小型动物提供了很好的武器装备。

▪ 拉丁文学名	Procompsognathus
▪ 学名含义	美颌龙的祖先
▪ 中文名称	原美颌龙
▪ 类	兽脚类
▪ 食性	肉食性
▪ 体重	不详
▪ 体形特征	体形小，嘴长
▪ 生存时期	三叠纪晚期
▪ 生活区域	德国

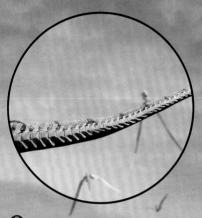

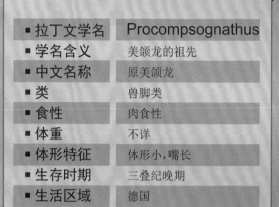

"指挥棒"尾巴

原美颌龙有一条坚挺的尾巴。它就像音乐家的指挥棒指挥音乐会的整体演奏一样，引领着原美颌龙的整个身体，让原美颌龙快速平稳地奔跑活动，或捕食猎物，或躲避敌人和灾难。

原美颌龙

[符腾堡小刺客]

原美颌龙是一种小型的兽脚类恐龙，生活在三叠纪晚期的德国，干燥的内陆环境中。它早在1913年就被命名，不过因化石保存很差，使其难以被确凿地分类。当然，其不完整的头部和后半身化石还是明确地表明原美颌龙属于肉食性的兽脚类恐龙。最初研究者认为它与美颌龙非常相似，是后者的祖先，早于美颌龙约5000万年。不过，之后的研究并不支持这两种恐龙之间的直接关联，原美颌龙目前被归于腔骨龙类中。

腔骨龙

［幽灵牧场绝响］

　　1947年，在美国新墨西哥州的一个农场，古生物学家发现了一个大型的腔骨龙化石骨堆。数百只腔骨龙集体被埋葬，最终成为化石。腔骨龙最著名的事迹就是它们"手足相残"。早年科学家在腔骨龙的腹腔中发现的一些细小的骨骼，认为属于幼年的腔骨龙，这些骨骼有着被消化的迹象，因此表明它们是被吞噬的可怜蛋。而最新的研究表明，这些所谓的幼年腔骨龙其实是一些小型的主龙类恐龙，仅仅是腔骨龙的"最后的晚餐"。

🥚 两性差异

　　目前发现的腔骨龙有两个形态，一个较苗条，一个较强壮。古生物学家认为这代表两性异形，就是雄性与雌性腔骨龙的分别。

不平凡的历程

　　你知道吗？腔骨龙曾经进入过太空呢！虽然晚于慈母龙三年，但却也是值得炫耀的经历。它的头颅骨被放入了"奋进号"航天飞机中，与"奋进号"共同执行任务。它被航天员带进了"和平号"太空站，但没有被留在太空中，而是最终随航天飞机返回到地球上。

· 腔骨龙

🥚 后弯的利齿

　　腔骨龙的嘴里布满了向后弯曲、似剑的牙齿,而且在这些牙齿的前后缘有小的锯齿边缘,这是典型的掠食性恐龙的牙齿。腔骨龙会用这样的牙齿去捕杀早期的似哺乳爬行类和昆虫。

■ 拉丁文学名	Coelophysis
■ 学名含义	空心形态
■ 中文名称	腔骨龙
■ 类	兽脚类
■ 食性	肉食性
■ 体重	15~20千克
■ 体形特征	身体纤细矫健
■ 生存时期	三叠纪晚期
■ 生活区域	亚利桑那州

2.5~3米

1.8米

🥚 尾部有法宝

　　腔骨龙长尾巴的前关节突互相交错,形成半僵直的结构。这种结构似乎可以避免尾巴的上下摆动。因此,当腔骨龙快速移动时,尾巴就成了舵或平衡器。

恶魔龙

[魔鬼的化石]

>>>

　　三叠纪晚期的南美洲阿根廷,生活着一种让人闻名就毛骨悚然的恐龙——恶魔龙!恶魔龙的化石罕见且稀少,现时已知的只有一件恶魔龙化石。恶魔龙是一种中等大小的兽脚类恐龙,其脑袋硕大,长约45厘米,口中密布利齿,非常凶猛。它最醒目的特征是头上有一对脊冠,而且前上颌骨及上颌骨之间有一个小型的凹。这些特征在早期的双脊龙类中都有体现,后者可能是便于它从缝隙中抓到小动物,有学者甚至认为这是恶魔龙抓鱼的特征。

 坚实的后爪

　　从图中我们可以看到,恶魔龙的两只后爪非常坚实,即便飞快地在陆地上奔跑也很平衡稳定。如果远远望去,可能只会看到飞扬的尘土吧!

脊冠疑云

和不少早期的双脊龙类一样,恶魔龙的头上也有两个小型的冠状物。不过,与双脊龙冠状物主要是由鼻骨组成不同,恶魔龙的冠状物是由鼻骨和泪骨共同参与组成的。这些冠状物可能用于种内识别或者炫耀。

■ 拉丁文学名	Zupaysaurus
■ 学名含义	恶魔的蜥蜴
■ 中文名称	恶魔龙
■ 类	兽脚类
■ 食性	肉食性
■ 体重	250千克
■ 体形特征	头上有脊冠
■ 生存时期	三叠纪晚期
■ 生活区域	阿根廷

6米

1.8米

充分利用的前肢

恶魔龙像其他兽脚类一样用后腿走路。它们的前肢细长,能够用来抓猎物,而不像暴龙那样前肢短小,没有什么实际的用途。

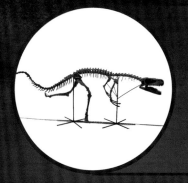 ### 不甚理想的化石

一般而言,中大型恐龙化石的保存往往不是那么完整,恶魔龙就是这样。恶魔龙化石只有一个接近完整的头骨,以及一侧的肩带、小腿及脚踝,还有12枚脊椎。另外还有一个较小的个体在同一地方被发现,但目前还没有被研究确认,不清楚它是否属于恶魔龙。

雷前龙

[雷龙的"变奏曲"]

>>

雷前龙是已知最古老的蜥脚类恐龙,生存于三叠纪晚期的非洲南部。当时的地球陆地都聚合在一起,恐龙们可以四处迁徙,自由扩散。作为四足行走的植食性恐龙,雷前龙要比它在中生代中晚期的亲戚们小一些,但也达到了8米长,仍然是其生活环境中最大型的恐龙。有趣的是,雷前龙还保存了一些原始的适应性演化特征,比如其前肢还保存有抓握的能力,而非单纯支撑身体。命名为雷前龙则是为了向雷龙(也就是迷惑龙)致敬。

四根巨柱

雷前龙主要以四足方式移动。它们的四肢非常强壮,像四根大柱子一样,起到支撑身体重量的作用。

灵活的前肢

与其他早期生物相比,雷前龙的腕骨亦较宽厚,可以支撑重量。拇指灵活,能用手掌抓东西。在更为进化的蜥脚恐龙中,前肢已经丧失了这些功能,只能用以支撑身体而不能抓取东西了。

尘封20年的巨大发现

早在1981年，有学者就在南非发现了雷前龙的化石，存放在伯纳德普莱斯研究院，但化石铭牌却被标上优肢龙的名字。直到2000年前后，才由古生物学家耶茨与基钦共同命名了雷前龙。

 ·雷前龙

■ 拉丁文学名	Antetonitrus
■ 学名含义	雷龙之前
■ 中文名称	雷前龙
■ 类	蜥脚类
■ 食性	植食性
■ 体重	1500千克
■ 体形特征	体形庞大，四肢强壮
■ 生存时期	三叠纪晚期
■ 生活区域	南非

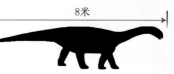

8米

1.8米

钉状利爪

雷前龙的指（趾）部末端长有尖锐的钉状利爪，这些利爪能在它们行进中起到固定地面的作用，也能在遇敌时起到防御的作用。

黑水龙 [来自巴西的大发现]

　　黑水龙属于蜥脚类，是已知最古老的恐龙之一。它的化石发现于1998年，化石点位于巴西东南部的一个地质公园中。与那些庞大的蜥脚类恐龙不同，黑水龙的体形相当娇小，体长还不到3米。黑水龙的骨骼结构与欧洲的板龙非常相似，这意味着什么呢？这表明，在三叠纪的盘古大陆上，由于没有地理阻隔，恐龙动物群可自由地在盘古大陆上迁徙。因此，巴西和欧洲距离如此遥远，却有着相似的物种就不足为奇了。

灵活的手

　　黑水龙的前肢上长有5个手指，其中第5指极小，剩下4个指头的指尖尖锐，可帮助它们抓住树丛或者树叶，继而进食。

▪ 拉丁文学名	Unaysaurus
▪ 学名含义	黑水蜥蜴
▪ 中文名称	黑水龙
▪ 类	蜥脚类
▪ 食性	植食性
▪ 体重	不详
▪ 体形特征	像一只苗条的板龙
▪ 生存时期	三叠纪晚期
▪ 生活区域	巴西

"菜刨"牙齿

黑水龙的牙齿边缘呈锯状，就像我们常用的菜刨一样。它们会充分利用这样的牙齿构造将蕨类枝叶从枝干上拽下来，再美美地享用。

2.5米  1.8米

📼 媒体宣传

黑水龙发现于2004年，属名中的"unay"，是指化石的发现地点，在葡萄牙语中是"黑水"的意思；学者则用了当地土著皮语的"黑水"单词来命名。种名则是赠予首次找到化石的当地居民——托伦蒂诺·马拉菲加（Tolention Marafiga）。

🥚 后肢站立

黑水龙的后肢可能要比前肢长且粗壮许多，表明黑水龙是用后肢站立的，所以会用后肢辅助身体去吃高树上的树叶。

坎普龙

[腔骨龙的替身]

>>

    坎普龙属于腔骨龙类，生活在三叠纪晚期的北美洲，是目前已知的、最古老的新兽脚类恐龙之一。坎普龙的化石并不完整，只包括后肢的局部以及一些不完整的骨骼。但这些标本已经足够表明它与腔骨龙那极其密切的亲缘关系，以至于有的学者认为坎普龙可能就是腔骨龙的一个种。不过，近年来的研究发现坎普龙腿部的胫骨和距骨有着区别于腔骨龙的特征，因此是有效的物种。

·坎普龙

拉丁文学名	Camposaurus
学名含义	坎普的蜥蜴
中文名称	坎普龙
类	兽脚类
食性	肉食性
体重	50千克
体形特征	与腔骨龙非常相似
生存时期	三叠纪晚期
生活区域	美国亚利桑那州

 轻巧的头骨

　　和腔骨龙类的其他成员一样，坎普龙的头部也有着大型的开孔，这有助于减轻头骨的重量，而头部骨骼之间的巧妙搭配，也足以为骨骼结构提供足够的强度。

3米　1.8米

 意料之中的食谱

　　坎普龙的脑袋又长又窄，嘴巴里是锐利的锯齿状牙齿，表明它是肉食性恐龙，坎普龙的食谱可能包括了小蜥蜴或昆虫。与腔骨龙类一样，它们可能以小群体的方式进行集体捕猎。

 艺术家的揣度

　　坎普龙属于腔骨龙超科。这是一群出现在三叠纪晚期至侏罗纪早期的恐龙，生存环境非常广泛，遍布各地。可是对于其确切的外观仍不是很清楚。于是艺术家们就用丰富的想象将它们的身体外表绘成羽毛或鳞片形态，而真相还有待发掘。

 狂奔求生

　　坎普龙的体形纤细，在强大的后肢的推动下，想必是一种善于奔跑的恐龙，较高的速度在三叠纪晚期显得非常重要，不但可以更高效地抓住猎物，而且可以及时躲避天敌。要知道，恐龙在那时还不是王者。

瓜巴龙 [迷雾环绕]

>>>>>>>>>>>>>>>>>>>>>>>>>>>>>

瓜巴龙是一种非常神秘的恐龙，它被发现于巴西南大河州的瓜巴市镇，因此得名。这种恐龙生活于三叠纪晚期的南美洲，其留存至今的标本有数件，但保存得都是不太好。而最近几年发现的新标本缺乏了具有大量鉴定特征的头骨，这导致瓜巴龙的分类争议很大。最初学者认为它属于非常基干的兽脚类，并因此创立了瓜巴龙科，而后由于新标本的出现，学者将瓜巴龙科改归为非常原始的蜥脚类。

退化的指

据推测，瓜巴龙的每只手掌五指中有退化的两指。拇指及第2、3指的指爪尖锐，可以用来抓住食物。第4、5指短小，没有指爪。

似鸟的睡觉姿态

新发现的标本有一个有趣的特征，根据保存下来的后部颈椎，可推断这只瓜巴龙生前的颈部是向左方弯曲。化石还显示其后肢蜷曲于身体下方，前肢摆向身体一侧，这个姿势与现生鸟类的休息或睡眠姿势非常相似。同样的姿势也出现在一些兽脚类手盗龙类化石中。

合理的想象

　　2005~2007年之间，科学家新发现了一件瓜巴龙标本，这件标本保存了几乎完整的骨架，但缺失了头骨和颈部的化石，图中的头部和颈部是研究人员按照埃雷拉龙复原的。标本目前保存于巴西南大河州联邦大学，还在进一步研究中。

·瓜巴龙

■ 拉丁文学名	Guaibasaurus
■ 学名含义	瓜巴蜥蜴
■ 中文名称	瓜巴龙
■ 类	蜥脚类
■ 食性	植物或杂食性
■ 体重	不详
■ 体形特征	不详
■ 生存时期	三叠纪晚期
■ 生活区域	巴西

2米

1.8米

宝宝有大眼

你注意到没有，恐龙宝宝的眼睛都显得特别大，而成年恐龙的眼睛就没那么大了，这是为什么呢？有专家认为，这是因为幼龙的面颅很小，眼睛位于脸的中部，而随着年龄增加，面部会拉长，眼睛逐渐处于脸部的三分之一处。所以，和成年龙相比，幼年龙的眼睛会显得大一些。另一种解释则是眼区随着面部长大在相应增大，而到一定年龄之后，其变化会相对静止。

 扎堆生活

1970年代，古生物学家何塞·波拿巴在阿根廷发现了一窝蜥脚类小恐龙，同时发现的还有蛋巢和蛋壳，这对我们研究蜥脚类恐龙的繁衍非常有帮助。学者推测，蜥脚类宝宝小时候会聚集在一起生活，并躲在蕨类植物丛中躲避敌害。

鼠龙 [像只小鼠的龙宝宝]

▶▶▶▶▶▶▶▶▶▶▶▶▶▶▶▶▶▶▶▶▶▶▶▶▶▶▶▶▶▶▶▶

鼠龙是一种生活在三叠纪晚期的植食性恐龙。鼠龙就是"老鼠蜥蜴"的意思，顾名思义，幼年鼠龙的体积并不大，它的体积大约只有现代的一只成年猫那么大，它们的体形非常小，最小的仅有20厘米长。然而，其成年体可能成长至3米。

 异速生长

在生命的最初三年,密林深处就是蜥脚类宝宝的家。在那里,它们的体重以令人惊讶的速率增长着,每天超过两千克。到第一年年末,龙宝宝的长度就会增加三倍,而体重可以达到半吨。所有这一切意味着它们很快就会变得很大,已经足够应对一些掠食者了。

■ 拉丁文学名	Mussaurus
■ 学名含义	老鼠蜥蜴
■ 中文名称	鼠龙
■ 类	蜥脚类
■ 食性	植食性
■ 体重	不详
■ 体形特征	极小的幼体恐龙,成体不详
■ 生存时期	三叠纪晚期
■ 生活区域	阿根廷

1.8米

0.2~0.37米

给龙宝宝印个脚模吧

2010年,美国莫里森自然历史博物馆的古生物学家在丹佛以西的山麓地区发现了一批非常可爱的恐龙宝宝的足迹,这些足迹最大的也只有成年人半个手掌那么大,是由幼年的蜥脚类宝宝留下来的。古生物学家推断这些恐龙宝宝在留下足迹时只有小狗那么大。

板龙 [三叠陆地巡洋舰]

▶▶▶▶▶▶▶▶▶▶▶▶▶▶▶▶▶▶▶▶▶▶▶▶▶▶▶

板龙是当之无愧的恐龙明星,它是三叠纪最大的恐龙,也是三叠纪最大的陆生动物。板龙的化石发现于1834年,并在1837年被科学描述,所以它们也是最早被命名的恐龙之一。在分类上,板龙属于原蜥脚类。这类恐龙通常都成群活动,穿越三叠纪晚期那干旱的地区寻找新的食物来源。板龙在中国的亲戚则是大名鼎鼎的禄丰龙。

 ## 密集的小牙

板龙嘴巴里的牙齿密密麻麻,前上颌骨有5~6颗,上颌骨有24~30颗,齿骨(下巴)上有21~28颗。这些小牙齿的边缘都有锯齿,齿冠则呈现叶状,使其适合吞食植物。

板龙的邻居们

发现板龙的骨床以及同时代的化石显示,板龙的邻居们包括了原蜥脚类的鞍龙,中型的兽脚类恐龙,如理理恩龙与敏捷龙、原美颌龙,以及早期的龟类原颌龟,以及离片锥类(一种原始的两栖类)、坚蜥类、原始哺乳类、翼龙类、喙头蜥类以及鱼类等。

藏在最深处的恐龙

1997年，北海北端的斯诺尔油田的石油工人在探钻沙岩层时，在海平面下的岩芯中发现了化石。最初学者以为这黑乎乎的标本是某种植物化石，但到了2003年，来自挪威奥斯陆大学的古生物学家却发现这块化石属于板龙，是一个被压碎的膝盖化石，使得板龙成为北海第一龙，并被誉为"世界最深处的恐龙"。

胃石的功效

板龙没有咀嚼用的颊齿，因而会吞下石子储存在胃里。然后通过胃的蠕动使得这些石头搅拌起来，将吃进去的植物碾磨成糊状体。

· 板龙

拉丁文学名	Plateosaurus
学名含义	宽蜥蜴
中文名称	板龙
类	蜥脚类
食性	植食性
体重	1300~1900千克
体形特征	长脖子和长尾巴的大型恐龙
生存时期	三叠纪晚期
生活区域	德国、瑞士、法国

8~8.5米

1.8米

卡米洛特龙

［英伦重巡］

>>>

　　与板龙相比，卡米洛特龙要逊色得多，它的标本数量极少。不过这种发现于英格兰上三叠统地层的恐龙依然为我们提供了对应的信息。它可能群居，是大型的植食性恐龙，并能在4米至5米的高度吞食植物。由于体形巨大，它的食谱非常杂。

胃部的奥秘

　　卡米洛特龙靠吞食胃石来协助磨碎坚硬的植物纤维，这类似于现代鸟类与鳄鱼的沙囊。

原蜥脚类

原蜥脚类是群早期植食性恐龙，生存于三叠纪晚期到侏罗纪早期。此前，古生物学家认为原蜥脚类是蜥脚类的祖先，但新的研究表明，它们的关系并非如此。

▪ 拉丁文学名	Camelotia
▪ 学名含义	来自卡米洛特
▪ 中文名称	卡米洛特龙
▪ 类	蜥脚类
▪ 食性	植食性
▪ 体重	2500千克
▪ 体形特征	后肢非常强壮
▪ 生存时期	三叠纪晚期
▪ 生活区域	英格兰

10米

1.8米

灵活运用

卡米洛特龙用四肢行进，以此来寻觅地上的植物。但当需要时，它们可以靠两只强壮的后腿直立起来。

身体"平衡器"

卡米洛特龙的尾巴相当粗壮。如此长而结实的尾巴可用来平衡卡米洛特龙的头部和可观的体重。

槽齿龙

[林间居民]

槽齿龙生活在三叠纪晚期的英格兰和威尔士地区，它身材纤细，长着小脑袋、长脖子和长尾巴。它可能大部分时间四肢着地，吃长在低处的植物，有时也用后腿站立起来，去吃长在高处的树叶。当时的英格兰和威尔士一带的气候温暖而干燥，槽齿龙所属的蜥脚类恐龙已经逐渐成为了优势植食性动物，但它们仍然饱受劳氏鳄类的威胁。

爱吃植物的小家伙

作为一种植食性恐龙，槽齿龙的牙齿也有锯齿状边缘，齿冠呈叶状。与它们的亲戚们相比，槽齿龙的头部较长、较狭窄，牙齿也较多一些，这些差异可能是对食物的适应性演化造成的。

拉丁文学名	Thecodontosaurus
学名含义	牙槽里的牙齿
中文名称	槽齿龙
类	蜥脚形类
食性	植食性
体重	不详
体形特征	头部较窄长
生存时期	非常原始的小型蜥脚形类
生活区域	英格兰

🥚 恐龙研究史

你知道吗？槽齿龙是第四种被命名的恐龙（1836年），前三种分别为兽脚类的巨齿龙（1824年）、鸟脚类的禽龙（1825年）、覆盾甲龙类的林龙（1833年）。槽齿龙是第一个被科学描述的三叠纪恐龙。

2.5米 ← → 1.8米

🥚 行动敏捷

槽齿龙的后肢长于前肢，但相差并不悬殊。这显示这种恐龙可能更加倾向于四足行走，可以敏捷地穿行于古老的林地中。

"二战"的殉难者

1940年第二次世界大战期间，槽齿龙的模式标本化石在德国的空袭中灰飞烟灭了。所幸的是，战后古生物学家又在英国的其他地点发现了槽齿龙化石，包括布里斯托与威尔士地区。

黑丘龙 [强壮的陆行者]

黑丘龙于1924年被古生物学家发现，它是一种大型的植食性恐龙，属于原始的蜥脚类恐龙。它们可能成群地生活在三叠纪晚期的南部非洲。黑丘龙已经足够庞大，身体巨硕，四肢健壮，所以应该是四足行走的。黑丘龙此前被归入原蜥脚类，如今则认为它是已知最早的蜥脚类恐龙之一，具有许多原始的特征，对研究蜥脚类的演化进程非常有帮助。

🥚 牙齿分布

黑丘龙的前上颌骨有4颗牙齿，这是种原始的蜥脚形类的特征。而它的上颌骨则有19颗牙齿。较多的牙齿有助于黑丘龙更好地获取植物。

大型化

黑丘龙的头骨约25厘米，口鼻部收尖。头部整体呈三角形。黑丘龙之所以进化出庞大的身躯，可能是用来抵御天敌。

■ 拉丁文学名	Melanorosaurus
■ 学名含义	黑山蜥蜴
■ 中文名称	黑丘龙
■ 类	蜥脚类
■ 食性	植食性
■ 体重	1300千克
■ 体形特征	巨大的身体
■ 生存时期	三叠纪晚期
■ 生活区域	南非

中空的脊椎

和后期较进化的蜥脚类恐龙一样，黑丘龙的椎体也是中空的，这种构造可以有效地减轻体重。此外，蜥脚类的脊椎有着相对复杂的构造，是分辨不同物种的重要线索。

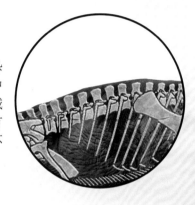

8米

1.8米

足够大的内脏

消化植物是一个较消化肉类更为繁复的生物化学过程，所以一般植食性恐龙都需要巨大的内脏。由于这些内脏都是位于骨盆之前，两足的平衡日益困难，因而恐龙变得很大，并渐渐演化成四足行走的习惯。

稀少的牙齿

贫齿龙的牙齿非常稀少,仅仅长在上颌和下颌的前端,这可能与其食性有密切的关系。

贫齿龙

[少牙的海中蜥蜴]

与鱼龙和蛇颈龙这些远古海洋的霸主相比,海龙类的身体结构,尤其是四肢形态,还保留着其陆地动物祖先的原始形态,并非特别适应水生生活,且不具备远洋生活能力,只能生活在浅海环境。贫齿龙是一种奇特的海龙类,它的身体非常瘦长。在形态学上,贫齿龙下颌的反关节突和肱骨的嵴暗示着它与发现于瑞士和意大利的阿氏开普吐龙的关系最为接近。

· 贫齿龙 |

▪ 拉丁文学名	Miodentosaurus
▪ 学名含义	少牙蜥蜴
▪ 中文名称	贫齿龙
▪ 类	海龙类
▪ 食性	肉食性
▪ 体重	不详
▪ 体形特征	只在嘴前有少量牙齿
▪ 生存时期	三叠纪晚期
▪ 生活区域	中国贵州省

约2~2.5米

1.8米

食性的疑问

贫齿龙的前后肢末端有着扁平的指（趾）骨爪，综合其他特征，古生物学家认为贫齿龙并非纯粹的肉食动物。

瘦长的身体

贫齿龙同阿氏开普吐龙一样，身材纤长，可能以类似鳗鱼的方式游泳且用蹼状肢前进。瘦长的身体不仅可以减少来自海水的阻力，让贫齿龙在海中自由穿梭，同样也可让它远离被猎食的危险。

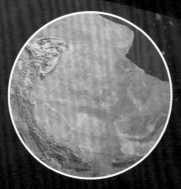

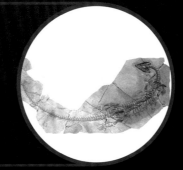 中国的海龙

1998年以来，中国的云贵地区相继发现了一些奇特的三叠纪海生爬行动物化石，包括鱼龙类、海龙类、鳍龙类、楯齿龙类、原龙类、龟鳖类和主龙类，这些化石其种类之丰富、保存之完美，完全可以与世界上最著名的一些古生物化石群相媲美。

埃登那龙 [尖嘴的近海小霸王]

埃登那龙是一种非常冷门的海龙类，人们对其所知甚少。它生活在三叠纪晚期的意大利，最醒目的特征是高度特化的、没有牙齿的嘴巴。整体而言，埃登那龙与阿氏开普吐龙非常相似，但是它的颌部要更加细长一些。

海龙类

海龙类是一类仅发现于三叠纪的海生爬行动物。这类动物在三叠纪末期就已经绝灭，现在存活的海生爬行动物如海龟、海鳄和海蛇与它的亲缘关系很远，最多只能算海龙的远亲。

腹部的"骨篮"

埃登那龙有着结实的躯干，其腹部的腹肋交织形成一个篮状结构，这个结构能帮助它在游泳时快速地下沉到水底。

·埃登那龙

拉丁文学名	Endennasaurus
学名含义	埃登那蜥蜴
中文名称	埃登那龙
类	海龙类
食性	肉食性
体重	不详
体形特征	嘴巴就像锥子一样尖锐
生存时期	三叠纪晚期
生活区域	意大利

1米

1.8米

 尖长的嘴巴

　　埃登那龙的嘴巴里没有牙齿，这是非常特殊的，学者推测它可能吃一些软体底栖生物或甲壳类，尖尖的嘴巴使得猎物即便躲在岩缝里也无济于事。

 长尾巴

　　埃登那龙有着一条很长的尾巴，并且就像其他海龙一样，是侧向扁平，这条长尾加上其鳗鱼般狭长而柔韧的身体，它游起来可能也像鳗鱼那样左右波动身体。

跳龙

[活跃的跳跃者]

生活在三叠纪晚期的跳龙是一种非常小的恐龙形类动物,它们的大小和猫咪差不了多少,但依旧是凶猛的肉食性两足动物。有趣的是,跳龙展现出一些类似后期进步兽脚类恐龙的特征,比如中空的骨头。不过它的化石极其稀少和不完整,身上依然谜团重重。

 快速奔跑

由于跳龙身体轻巧,四肢行动灵活,所以它们跑起路来非常轻快,能够很容易地追上自己想要的猎物。

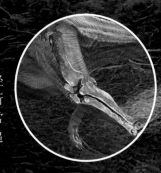

拉丁文学名	Saltopus
学名含义	跳跃的脚
中文名称	跳龙
类	恐龙形类
食性	肉食性
体重	不详
体形特征	体形娇小，牙齿呈小刀状
生存时期	三叠纪晚期
生活区域	苏格兰

🥚 成群结队

虽然没有足够的化石证据，但有些古生物学家认为，如此小巧的跳龙，很可能成群活动。它们会一起打猎，分而食之，也会共同抵御更大型的掠食者。

0.8~1米　　1.8米

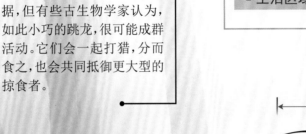

🥚 利爪猎杀

跳龙的前肢上长有锐利的爪子，这样的利爪可以帮助它们很好地抓住猎物，然后慢慢享用。

🛢 颇具争议

跳龙的分类极具争议，最初被认为属于是基干的兽脚类，与埃雷拉龙是近亲。而后有学者甚至激进地认为跳龙是腔骨龙类（如腔骨龙或原美颌龙）的未成年个体。另有的学者认为，跳龙属于种原始的恐龙形类，与兔鳄有亲缘关系。最近又有学者认为跳龙确实是属于恐龙形类，但比西里龙类（与恐龙类是姊妹单位）原始。

怪物龙 [如怪物的外表]

在温暖干燥的三叠纪晚期，有一群大型肉食性动物在现今的德国自由自在地生活着，它们的外形类似现生的鳄鱼，又有点像巨型蜥蜴，这就是怪物龙。怪物龙有着久远的历史，它得名于1861年，但是其化石存量非常少，只有包括了带有牙齿的一侧上颌骨。虽然化石稀少且其身世扑朔迷离，但这并不影响怪物龙这种硕大凶猛的生物成为三叠纪晚期的陆地猛兽。

🥚 恐怖大牙

怪物龙的上颌骨上长有几颗大牙（其中最大的一个长5厘米），这些大牙就像牛排餐刀一样，寒光闪闪，会给猎物致命一击。

拉丁文学名	Teratosaurus
学名含义	怪物蜥蜴
中文名称	怪物龙
类	劳氏鳄类
食性	肉食性
体重	不详
体形特征	大型劳氏鳄类
生存时期	三叠纪晚期
生活区域	德国

6米

1.8米

 强壮的四肢

　　要想支撑强壮的身躯和一条长长的尾巴,怪物龙的四肢一定要充满力量,不仅要平稳行走,还要能够快速奔跑去捕食猎物。

 **张冠李戴**

　　曾经有学者将埃弗拉士龙(恐龙中的原蜥脚类)的头后骨骼错认为是怪物龙的,于是怪物龙就化身成一种原始的兽脚类恐龙,在许多科普书籍中张牙舞爪。直到20世纪80年代中期,才有学者纠正了这个错误,怪物龙属于大型掠食性劳氏鳄类,与最初的恐龙共同生存于三叠纪晚期。

苏牟龙 [奇怪的嘴喙]

>>

　　苏牟龙这个学名意为"苏牟的蜥蜴"，苏牟是古生物学家萨克·查特吉的儿子，他在一次野外勘察中意外发现了这件化石标本，他老爹就将这个新物种的名字赠予他了。苏牟龙最明显的特征是它没有牙齿的喙状嘴，这个特征是如此的明显，以至于学者将其归入了恐龙中的似鸟龙类，而后的研究确认苏牟龙属于劳氏鳄类中的波波龙分支。

🥚 喙状嘴

　　苏牟龙没有牙齿的喙状嘴与兽脚类恐龙中的似鸟龙类非常相似，该构造在似鸟龙类中被认为是杂食性的证据，它们利用喙嘴来吃植物及捕捉小动物。

🛢 趋同演化

　　苏牟龙与似鸟龙类的相似特征很可能是趋同演化的结果。趋同演化指的是两种不具亲缘关系的动物长期生活在相同或相似的环境，它们因现实的需求而发展出具有相同功能的器官的现象。鱼龙和海豚那高度相似的流线形体形就是最好的例子。

拉丁文学名	Shuvosaurus
学名含义	苏牟的蜥蜴
中文名称	苏牟龙
类	劳氏鳄类
食性	杂食性
体重	不详
体形特征	没有牙齿但有喙的嘴巴
生存时期	三叠纪晚期
生活区域	美国得克萨斯州

2米

1.8米

🥚 镶嵌之踝

　　和其他镶嵌踝类主龙一样,苏牟龙四肢的结构介于典型的爬行动物的"蹲"姿到恐龙或哺乳类的直立姿之间。镶嵌踝类主龙的踝关节非常复杂,距骨上的突起恰好对应跟骨上的窝槽,于是形成能够转动的铰接状结构,这样它们的足部肌肉就能承受更多的力,与哺乳动物极为相似。

波波龙 ［并非萌物］

>>>>>>>>>>>>>>>>>>>>>>>>>>>>

　　波波龙生活在三叠纪晚期的北美洲,其分布较广,包括了美国怀俄明州、犹他州、亚利桑那州以及得克萨斯州等。波波龙的化石最初发现于1904年,来自波波阿吉组,是一块腰带的肠骨。随着后来更多材料的发现,学者终于意识到自己面对的是一个全新的物种。从狭长的腰带可以推断波波龙的躯干较狭窄,这使其看上去更加精干凶猛。

脚掌有乾坤

　　波波龙的脚部有五根脚趾,其中第一趾往后缩进,仅剩辅助功能。第五趾退化,成为距骨旁的一个小骨头。中间三个趾很发达,成为功能趾。而脚跟向后大幅度延伸,为身体提供了额外而有效的支撑。

凶狠的波波龙

　　千万不要被波波龙可爱的名字所蒙蔽,它可是不折不扣的肉食动物,撕碎猎物毫不留情。

奇妙的肌肉

得益于近年来发现的完整化石,学者可以凭借骨骼上肌肉附着的痕迹来推断波波龙肌肉的本来面目。他们意外发现波波龙有一条肌肉可以连接腹肋和腰带,通过压迫胸部的扩张、收缩,来协助肺脏的呼吸。

▪ 拉丁文学名	Poposaurus
▪ 学名含义	波波阿吉的蜥蜴
▪ 中文名称	波波龙
▪ 类	劳氏鳄类
▪ 食性	肉食性
▪ 体重	不详
▪ 体形特征	狭长的躯干
▪ 生存时期	三叠纪晚期
▪ 生活区域	美国

4米

1.8米

两足行走

新发现的完整的化石清晰地表明,波波龙的前肢明显短于后肢,这表明它是两足行走动物,乍看上去,和兽脚类有些相似;同时代的镶嵌踝类主龙,大部分是四足动物。学者推断波波龙类可能在主龙类的早期演化阶段便独自演化出两足行走的特征。

正体龙

[善于挖土的素食者]

正体龙是最早被命名的脊椎动物之一,时间可以追溯到1875年,其命名人是极其著名的化石猎人,骨头大战的主角——爱德华·柯普。正体龙发现于北美洲西部的上三叠统地层里,不过,早期的化石材料非常稀少,只包括了部分鳞甲化石。近年来,古生物学家终于发现了两具接近完整的化石,让我们距离了解正体龙的真面目更近了一步。

 对比大不同

正体龙的颈部区域也有比较大型的棘刺,不过其位置与链鳄的不同。前者是从第三排鳞甲延伸出来,而后者是从第五排鳞甲延伸出来。学者认为,同属于坚蜥类的这两种动物棘刺应该是同源演化的结果,但在具体的演化过程中,正体龙的背甲减少,所以棘刺前移了。

 **前肢能挖地**

正体龙的前肢较短,大约是后肢长度的65%,学者发现这个比例与一些善于挖掘的现生动物类似,所以正体龙的前肢可能善于挖掘,它们先用脚爪挖出植物多汁的根茎,再大快朵颐。

鳞甲分布

　　正体龙身披鳞甲，而体侧还有两排角状物，这些角状物往侧后方倾斜，是良好的防御武器。它的腹部有10排较小型鳞甲，尾部下方则有4排。有趣的是，正体龙尾巴基部也有尖刺状鳞甲，可谓将防卫做到了极致。

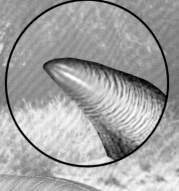

■ 拉丁文学名	Typothorax
■ 学名含义	胸骨的形态
■ 中文名称	正体龙
■ 类	坚蜥类
■ 食性	植食性
■ 体重	不详
■ 体形特征	身披鳞甲，前肢较短
■ 生存时期	三叠纪晚期
■ 生活区域	北美洲

2米

1.8米

牙齿的奥秘

　　和其他坚蜥类一样，正体龙也有着小型的叶状牙齿。这种形态的牙齿显然是属于植食性动物的，适合于撕下蕨叶，完全不适合撕扯肉类。

皮萨诺龙

[丛林隐士]

>>

在温暖潮湿的广阔平原上，一大片树木郁郁葱葱地生长着，远处的火山也时不时地喷发着炙热的岩浆。从早到晚，各种已知的、未知的远古生物穿梭于这片古大陆上，而皮萨诺龙却如隐士一般地生活在丛林之中。它小心地寻觅着食物，不时地用硕大的双眼四处查看，唯恐碰到如埃雷拉龙一样强大的猎食者。

📷 皮萨诺龙的邻居们

皮萨诺龙的化石发现于南美洲阿根廷的伊斯基瓜拉斯托组，在该地区同样发现了喙头龙类、犬齿兽类、二齿兽类、迅猛鳄类、鸟鳄类、坚蜥类，及埃雷拉龙、始盗龙等原始恐龙化石。

■拉丁文学名	Pisanosaurus
■学名含义	皮萨诺的蜥蜴
■中文名称	皮萨诺龙
■类	鸟臀类
■食性	植食性
■体重	不详
■体形特征	强健的后肢
■生存时期	三叠纪晚期
■生活区域	阿根廷

 毛绒绒

由于现存化石并不是那么完整，所以皮萨诺龙自从被发现以来，其分类和演化过程长期充满争议。近几年的意见倾向于它是已知最原始的鸟臀类恐龙。而由于天宇龙（同样属于基干鸟臀类）的发现，使得不少学者认为这些小家伙很可能在身上有一层毛绒绒的毛状衍生物。

1.8米

1米

 长长的尾巴

学者在复原皮萨诺龙的骨架时，为它的尾巴发了愁，因为并没有发现它的尾巴化石。所以学者只能参照其他早期的鸟臀类恐龙，为其重建了一条长尾巴。

 强健的后肢

皮萨诺龙后腿很长，并且强壮有力，它们能够很轻易地支撑皮萨诺龙的整个身躯。因此皮萨诺龙作为一种两足恐龙，拥有如此强健的后肢可以帮助它快速移动和奔跑。

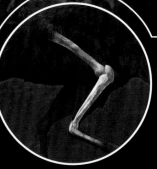

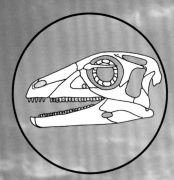

 牙齿的线索

始奔龙的牙齿呈三角形,与现生鬣蜥的牙齿有些相似,这种构造表明它们是草食性的动物。

 可抓握前肢

始奔龙长有大型、独特的可抓握手部。这样的前肢可以帮助始奔龙更好地觅食。

 快速奔跑

始奔龙的胫骨长于股骨,这样的结构说明始奔龙善于奔跑,是一名快速奔跑者。

拉丁文学名	Eocursor
学名含义	开始的奔跑者
中文名称	始奔龙
类	鸟臀类
食性	植食性
体重	不详
体形特征	小体形,善于奔跑
生存时期	三叠纪晚期
生活区域	南非

1米

1.8米

家族简史

始奔龙是一种非常原始的基干鸟臀类恐龙,鸟臀类最终演化出覆盾甲龙类、头饰龙类、鸟脚类等,包含了我们熟知的剑龙、甲龙、三角龙、鸭嘴龙等。学者通过分支系统学研究认为始奔龙处于异齿龙类与皮萨诺龙后段,比莱索托龙更为原始,并形成颌齿类的姐妹演化支。

始奔龙 [起源线索]

>>

始奔龙是近年来新发现的基干鸟臀类恐龙,生存于三叠纪晚期的南非。始奔龙的化石非常重要,是目前最完整的三叠纪鸟臀类化石,这对我们研究鸟臀类早期的演化进程打开了一扇弥足珍贵的窗口。它的化石包括了部分头骨、下颌、脊椎以及四肢。从化石上判断,始奔龙的体形较小,运动能力颇佳。

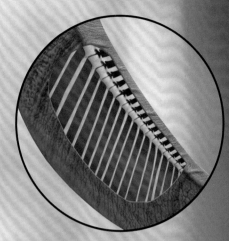

🥚 像桨一样的尾巴

高尾龙的尾巴高而窄扁，不像树栖动物镰龙类那样具有缠握能力。此外，高尾龙的尾巴像桨一样，于是科学家们认为高尾龙可能属于水生动物，其独特的大尾巴就是帮助它在水下生活的。

🥚 三角颅骨

高尾龙曾被归属于鸟首龙类，顾名思义，这类动物的脑袋像鸟的头部，呈三角形。而高尾龙的颌部没有牙齿，尖尖的，有些像鸟类的喙，这样的构造可能与食性密切相关。

高尾龙 [大尾巴的小怪物]

>>>>>>>>>>>>>>>>>>>>>>>>>>>>>>>>>>>>>>>

高尾龙是一种非常好玩的史前爬行动物，属于原龙类，它们非常小，只有小蜥蜴那么大而已。高尾龙发现于美国新西泽州上三叠纪地层，虽说标本化石已经发现不少，但却没有保存特别好的。而由于它发现于湖相地层，有着高而窄的尾巴，因此有学者认为它是鸟首龙类中的异类，主要生活在水中。但其他学者则认为高尾龙是树栖的，大尾巴能起到拟态的作用。

不完整的高尾龙

　　由于缺乏高尾龙的头、颈和大部分前后肢等关键部位的化石,古生物学家们无法准确推断出高尾龙真正的生活习性。目前有树栖和水生两种说法。

•拉丁文学名	Hypuronector
•学名含义	有深尾的游泳者
•中文名称	高尾龙
•类	原龙类
•食性	肉食性
•体重	不详
•体形特征	像桨一样的尾巴
•生存时期	三叠纪晚期
•生活区域	美国新泽西州

1.8米

0.12米

奥地利翼龙 ［阿尔卑斯空中的小霸王］

2002年,意大利国民古生物博物馆的学者,发现了一种名为奥地利翼龙的新属翼龙,属名即为发现地。奥地利翼龙是种奇特的翼龙类,属于喙嘴龙类。它的化石较为完整,包括头骨、椎骨、肢骨、腰带及尾部。奥地利翼龙生活于三叠纪晚期,其尾部并没有形成坚硬的骨棒,而是有着一条可能可以弯曲、较灵活的尾巴。这也是区别于三叠纪其他翼龙的独特之处。

奇妙的脚蹼

脚蹼有一个奇妙的作用,可以给降落在水面的翼龙提供一个重新起飞的推力,重新飞回到空中。因为脚趾间撑开脚蹼的接触面远大于原有的脚趾,所提供的反作用力自然就变大了。

恐怖"弯刀"牙

奥地利翼龙的牙齿具有多种形态。前上颌骨的牙齿呈狭窄的弯刀形，这种恐怖的尖牙约有5颗；其后的上颌骨牙齿呈锥形，有点像小铲子，而下颌的牙齿则非常细小，锯齿也不十分明显。

▪ 拉丁文学名	Austriadactylus
▪ 学名含义	奥地利的指
▪ 中文名称	奥地利翼龙
▪ 类	喙嘴龙类
▪ 食性	肉食性
▪ 体重	不详
▪ 体形特征	头部有脊冠，牙齿呈多形态
▪ 生存时期	三叠纪晚期
▪ 生活区域	奥地利

1.2米　　　　1.8米

 奇异的脊冠

奥地利翼龙最独特之处在于其头部的脊冠，脊冠从额骨开始一路增高，延伸到前上颌骨的最前端。这个脊冠的用途众说纷纭，有学者认为这可用于炫耀，也有学者认为这个脊冠可以在奥地利翼龙吃鱼的时候划开水面。

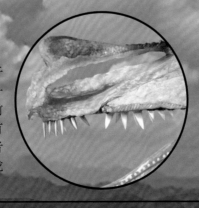

真双型齿翼龙 [三叠纪空中小霸王]

在这个危机四伏的三叠纪世界里,仿佛只有林间是安全的,一些小型爬行动物被"逼上梁山"。它们利用肋骨膜、足翼膜、翼膜来滑翔或飞行,其中要数翼龙做出的选择最正确,不但避开了三叠-侏罗纪之交的大绝灭,还在以后的上亿年间占据着整个天空。真双型齿翼龙就是三叠纪晚期最具代表性的翼龙之一,它最奇特之处就在于它的牙齿,它的齿系不单由同型齿组成,还有发达的犬齿。

奇妙的牙齿

真双型齿翼龙是唯一一种上下颌同时长有强健前颌齿和无数紧密排列小牙齿的三叠纪翼龙,而且它的小牙齿还带有3~5个棱角。它颌部的前端被又长又尖的硬质喙所包裹,像鞘一样裹在双颌上。这些硬质喙就像镊子,使真双型齿翼龙能够挑出并捕获食物。

尾巴有玄机

真双型齿翼龙有一条粗厚的尾巴,这可能更利于它在飞行时伸直尾巴以保持身体平衡。此外,尾巴的末端还有一个竖立的菱形膜,可充当舵的作用。

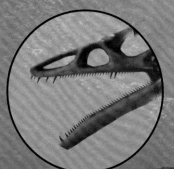

▪ 拉丁文学名	Eudimorphodon
▪ 学名含义	真正的双型齿
▪ 中文名称	真双型齿翼龙
▪ 类	喙嘴龙类
▪ 食性	肉食性
▪ 体重	不详
▪ 体形特征	嘴巴里有两种不同形态的牙齿
▪ 生存时期	三叠纪晚期
▪ 生活区域	意大利、丹麦

1米　　1.8米

空前绝后的翼指

翼龙最奇特之处，就是它们加长第4指后来变成一个翅膀架子，就如同风筝的竹子骨一样，翅膀架子连接翼膜，成为翼龙飞行的翅膀。这种单指成翅膀的现象，在其他爬行动物中绝无仅有，所以古生物学家称第4指为翼指或飞行指。翼龙剩下的3根指骨发育正常，并长有强有力、锋利弯曲的钩爪，这有助于其攀爬。

磨损的迹象

这只真双型齿翼龙的牙齿化石有非常严重的磨损情况。据研究员推测，这是它在吃鱼时咬到硬骨头造成的。

蜀龙

[蜀之传说]

在侏罗纪中期的四川盆地,生活着一种原始的蜥脚类恐龙,其丰富的化石从自贡大山铺"恐龙公墓"中被发现,它就是蜀龙。蜀龙已经可以完全靠四足行走,随着其化石的不断出现,古生物学家对它有了更加全面的了解。

攻防一体

蜀龙的尾端有4节逐渐进化成棒状的骨质似锤尾椎,还伸出两个尖刺。当蜀龙受到攻击时就会用这样的"武器装置"击退敌人。

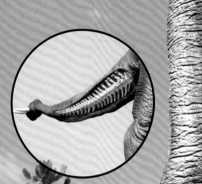

长脖子比例

蜀龙一共有12节颈椎,脖子的长度约是全身的三分之一,而后半段颈椎是背椎的1.2倍。单看蜀龙你一定会觉得它脖子很长,但若与其他长颈蜥脚类相比的话,它的脖子还是很短的。

🥚 齿系的构成

蜀龙共有4颗前颌齿,17颗至19颗上颌骨齿和21颗齿骨。它的牙齿显现出勺子的形状,边缘没有锯齿。这样的牙齿构造让蜀龙只能吃些柔软的嫩植物。

■ 拉丁文学名	Shunosaurus
■ 学名含义	"蜀"的蜥蜴
■ 中文名称	蜀龙
■ 类	蜥脚类
■ 食性	植食性
■ 体重	不详
■ 体形特征	脖子占身长的1/3
■ 生存时期	侏罗纪中期
■ 生活区域	中国四川省

9.5米

1.8米

🥫 锤下之鬼

蜀龙有一个如儿童足球大小的尾锤,令很多肉食动物闻风丧胆。你千万不要惹到它,否则后果不堪设想。

酋龙

["酋长"的统治]

>>>

　　侏罗纪中期，四川盆地群居住着很多同地区的蜥脚类恐龙，有蜀龙、峨眉龙，还有一种就是酋龙。酋龙是大山铺蜀龙动物群中的一种较特别的类型。因为其颈椎与背椎的长度之比正好介于大山铺发现最多的两类蜥脚类——短颈椎型的李氏蜀龙和长颈椎型的天府峨眉龙之间。

互不相干的择食

　　酋龙和蜀龙间有着很多相似的特征。它们虽然生存在同一个时代，但是脖子较长的酋龙和脖子较短的蜀龙是不会争夺同一高度的植物的。此外，它们喜好的植物种类也是不同的，所以并没有实质性的竞争，和平地生活在侏罗纪中期。

多功能尾

　　细长如鞭的尾巴对于酋龙来说不单单有保持平衡的作用，其在掠食者进攻时还可以起到鞭打掠食者的作用。此外它还有一个附加功能，就是驱赶蚊蝇。

■ 拉丁文学名	Datousaurus
■ 学名含义	酋长蜥蜴
■ 中文名称	酋龙
■ 类	蜥脚类
■ 食性	植食性
■ 体重	20 000千克
■ 体形特征	硕大的脑袋,铲状牙齿
■ 生存时期	侏罗纪中期
■ 生活区域	中国四川省

10米

1.8米

传统的腰带

酋龙有着晚侏罗纪蜥脚类恐龙一贯的特征,即一副腰带从侧面看呈三角形。肠骨下方的耻骨向前延伸,坐骨向后延伸。

短颈型号

巧龙最大的特征是脖子短小,这可能与其特殊的觅食位置有关系,就是说,短脖子的恐龙是肯定吃不到太高处的植物的。

■ 拉丁文学名	Bellusaurus
■ 学名含义	美丽的蜥蜴
■ 中文名称	巧龙
■ 类	蜥脚类
■ 食性	植食性
■ 体重	500千克
■ 体形特征	短颈的小型蜥脚类
■ 生存时期	侏罗纪中期
■ 生活区域	中国新疆维吾尔自治区

4.8米

1.8米

和大象比一比

蜥脚类恐龙的前脚结构同当今的大型四足动物(如大象)不同。蜥脚类以垂直形式排列前脚掌的骨头;而大象宽广脚掌则向两侧撑开。

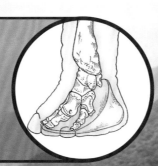

强壮的后腿

和许多蜥脚类一样,巧龙的后腿非常强壮,这足以帮助它支撑起沉重的身躯。

巧龙

[新疆陆地轻坦]

1982年,中国科学院古脊椎动物与古人类研究所的考察队在新疆准噶尔盆地采集到了巧龙的化石。17个尚未成年的巧龙化石聚集在同一个化石点,这样的情形令古生物学家十分吃惊。也许在亿万年前的恐龙时代,这样的事情每天都在发生,突发的天灾是这起悲剧的肇事者,留下的只有一堆骸骨,向未来人讲述那个时代的故事。

峨眉龙

[灵山来客]

现在的"天府之国"四川，在侏罗纪中期时同样也是"植食性恐龙的天堂"，繁茂的植被下厚厚的"叶海"蔓延到远处，银杏与松木共长，蕨类与木贼成堆。在这个"天堂"之中峨眉龙漫步其中，细长的脖子在嫩叶之间穿梭，偶尔到来的捕食者看见峨眉龙荡起的尾巴，只能够在四周来回游荡，久久不敢逼近。

牙齿发力

峨眉龙长着生有锯齿状前缘的粗大牙齿，这种牙齿可以使其轻松咀嚼松枝松针、植物茎块等。

长脖子

17节的颈椎，超过了蜥脚类恐龙的平均值。最长的颈椎比背椎长3倍，而相较于尾巴来说，峨眉龙的颈椎长度超过背椎1.5倍。

▪拉丁文学名	Omeisaurus
▪学名含义	峨眉蜥蜴
▪中文名称	峨眉龙
▪类	蜥脚类
▪食性	植食性
▪体重	4000~4800千克
▪体形特征	头部呈楔形，脖子很长
▪生存时期	侏罗纪中期
▪生活区域	中国四川省

温馨组合

在四川的自贡恐龙博物馆中，陈列着一副全长20米，头离地面约10米的恐龙化石，这就是峨眉龙的骨骼化石。它旁边还有一只稍小的峨眉龙宝宝，这一对温馨的组合目前可是该馆的恐龙大明星！

14~18米

1.8米

重锤敲击

峨眉龙是一个玩锤高手，当遇到敌人时，峨眉龙就会荡起它的尾巴，将由最末几节尾椎膨大并愈合在一起，呈纺锤状的尾椎打到敌人身上，有的捕食者会立即吓跑，倒霉的捕食者将会被打断腿骨。

川街龙 [彩云之南的大家伙]

>>>

丛林之中,一只食肉恐龙在川街龙们的周围蠢蠢欲动。川街龙们因为正在寻找新鲜的树叶而放松了警惕,但是由于川街龙巨大的身形,食肉龙并不敢只身向前,只能在观望一阵后悻悻离去。沧海桑田,日月变迁,曾经令食肉龙都望而生畏的川街龙,如今只有留在中国云南省的10余具珍贵的化石。

沉睡的巨龙

作为我国发现的较大恐龙之一的川街龙,其发现地位于云南省禄丰老长箐村村后山坡约300米处。八具恐龙化石完整地西向纵卧,其中拥有2米长肋骨的恐龙是其中最大的一只。分析表明,这条恐龙生前体长在24米以上。

超强震慑

川街龙唯一的武器就是它的鞭状尾。在面对敌人的时候庞大身躯带来的震慑力加之群体自卫,使得其他的敌害见到它们只能绕道而行。

结实的"柱子"

川街龙的前肢短于后肢,但粗壮的四肢也可以有效地支撑巨大的身体。川街龙胫骨短于股骨,距骨与跟骨不愈合,前后足的第一趾的末爪皆很发达,第五趾已经退化。

■ 拉丁文学名	Chuanjiesaurus
■ 学名含义	川街蜥蜴
■ 中文名称	川街龙
■ 类	蜥脚类
■ 食性	植食性
■ 体重	25 000千克
■ 体形特征	体形巨大，头部小
■ 生存时期	侏罗纪中期
■ 生活区域	中国云南省

24米

1.8米

长脖子的秘密

　　长脖子可以让川街龙节省更多的体力达到最大的觅食范围。即使川街龙的身体不动，川街龙环绕在颈骨周围的肌肉、肌腱和韧带也可以使其进行更有效的运动，使效率最大化。

巨齿龙

[《荒凉山庄》的首秀]

>>>

1677年，当人们首次在英格兰发掘到巨齿龙化石的时候，他们认为这些巨大的骨头属于远古巨人或传说中的龙，便把它说成是"巨人"的遗骨。直到1823年才由英国地质古生物学家威廉姆·巴克兰对它作了科学的记述。巨齿龙生活在侏罗纪中期，是最早被命名的恐龙。巨齿龙也是第一种在通俗书籍中提到的恐龙，它的首次亮相是在狄更斯1852年的小说《荒凉的山庄》中。

步调分析

巨齿龙类足迹是非常常见的遗迹化石，这些行迹都基本处于一道直线上，这告诉了我们恐龙是如何行走的。

■ 拉丁文学名	Teratosaurus
■ 学名含义	巨大的蜥蜴
■ 中文名称	巨齿龙
■ 类	兽脚类
■ 食性	肉食性
■ 体重	700千克
■ 体形特征	巨大锯齿状牙齿
■ 生存时期	侏罗纪中期
■ 生活区域	英国

6米

1.8米

匕首"亮相"

大而尖的牙齿长满整个口腔，每一颗牙齿都相当于小型哺乳动物的整个颌部。后弯倒钩、边缘锯齿和牙根深陷，即使是面对一场厮杀，巨齿龙也可从容面对。

可怕的前肢

除了牙齿，锋利的爪子也是巨齿龙的利器。当面对猎物的时候，其锐爪可以轻易撕开猎物的外皮，接着就会撕碎皮下的肉。

巨齿龙的第一张复原图

巨齿龙最初的复原图模型就像中国的剪纸龙，大头、方身、四足行走。但其实巨齿龙的四肢是前短后长的，靠两足行走。

巨刺龙 [完美的整合防御]

　　在自贡恐龙博物馆的所有展品中，最让人瞩目的展品之一便是巨刺龙。这种较早期的剑龙类有着一对巨大的肩棘，半蹲的姿势看起来如同即将被奥特曼猛揍的小怪兽。与肩棘相比，巨刺龙的背部骨板显得相当小，呈三角形。但无论如何，这些装备已经足以保护巨刺龙免受掠食者的袭扰了。

巨刺穿透

　　巨刺龙有一个保命的法宝，就是其尾部尖端长有可以击穿袭击者的刺棘，让袭击者望而生畏。

世界三大恐龙博物馆

　　世界三大恐龙博物馆分别是中国四川省的自贡恐龙博物馆、美国的国立恐龙公园和加拿大亚伯达省的加拿大皇家蒂勒尔博物馆。自贡恐龙博物馆是中国第一所专业性的现代化恐龙博物馆，位于自贡市东北郊的大山铺镇附近，建在大山铺恐龙化石群遗址之上。

拉丁文学名	Gigantspinosaurus
学名含义	巨刺蜥蜴
中文名称	巨刺龙
类	剑龙类
食性	植食性
体重	700千克
体形特征	身上有骨板，尾部有尖刺
生存时期	侏罗纪晚期
生活区域	中国四川省

侧面防御

　　肩上的刺棘类似于两根牛角，又粗又尖锐，成了巨刺龙侧面的防御工具，使其身体的任何面都坚不可摧。

4.2米

1.8米

午后日光浴

　　你能够想象恐龙日光浴吗？沱江龙的剑板能够吸收太阳热量,其内的脉管能控制血液流量以改变全身温度。这个原理就像水在暖气管道中流动一样。

形状各异的剑板

　　较大的剑板是剑龙类的主要特征。沱江龙的颈部剑板呈桃形、背部呈三角形、荐部和尾部呈高棘状的扁锥形。从颈部到荐部,剑板逐渐增高、增厚,剑板构成了它的防御体系。

尾部杀手锏

　　如其他的剑龙类恐龙一样,沱江龙的尾巴末端长有向外突起的、四根细长的圆锥形尾刺。这些尾刺在沱江龙受到攻击时成为防御的重要武器。

胃石助消化

沱江龙上下颌紧密排列的叶片状小牙十分纤弱，在进食的过程中不能充分地进行咀嚼，因此在沱江龙的进食过程中，需要利用胃石帮助消化。

■ 拉丁文学名	Tuojiangosaurus
■ 学名含义	沱江蜥蜴
■ 中文名称	沱江龙
■ 类	剑龙类
■ 食性	植食性
■ 体重	2800千克
■ 体形特征	背部高耸
■ 生存时期	侏罗纪晚期
■ 生活区域	中国四川省

6.5米

1.8米

沱江龙

［全副武装的坦克］

沱江龙生活在侏罗纪晚期的四川盆地，它的化石是亚洲发掘出最完整的剑龙类化石。沱江龙是中等大小的剑龙，像所有剑龙一样，它拥有高高隆起的脊背，长长的尾巴拖在地上，整个形状就像一座拱桥，加之沱江龙全身都披着"铠甲"，远远望去就像是一座坚不可摧的移动堡垒。

剑龙

[最奇特的屋顶]

▶▶▶▶▶▶▶▶▶▶▶▶▶▶▶▶▶▶▶▶▶▶▶▶▶▶▶▶▶

1877年，一件"恐龙战争"时期的恐龙化石被发现。奥赛内尔·查尔斯·马什的发现成为了新闻关注的焦点，人们的眼光纷纷投向这个，侏罗纪晚期典型的植食性恐龙——剑龙的身上。对于剑龙来说侏罗纪晚期的"世道"并不太平，恐龙群雄纷纷崛起，肉食性恐龙高手云集，在这个满布血腥的恐龙世界中稍不留神就会命送它口。但是作为一个植食性恐龙来说，剑龙有着一套自身的"防御体系"，就是从头到尾的骨板和钉刺。这样，当肉食性恐龙前来进犯时，剑龙就不用坐以待毙，反而可以与敌人大战一番。

 图案的威力

背部17块分离的骨板，构造出来的图案是剑龙防御和震慑敌人的关键。这是一种皮内成骨，骨质在骨板的内部，骨板的外部覆盖着角质。当剑龙受到威胁时，血液流通到骨板上的血管中，骨板形成的图案会在视觉上给敌人以震慑。

 咬合的局限性

一项剑龙的咬合力实验在2010年开始进行，实验发现：颌部前段140.1牛顿、中段183.7牛顿、后段572牛顿。作为植食类的剑龙可以咬断柔软的植物，但直径超过12厘米的植物，剑龙还是很难咬断的。

风靡世界

　　因为剑龙频频在阿瑟·柯南·道尔的小说《失落的世界》和迈克尔·克莱顿的小说《侏罗纪公园》中出现，所以成了大众非常喜欢且熟知的恐龙形象。

■ 拉丁文学名	Stegosaurus
■ 学名含义	有屋顶的蜥蜴
■ 中文名称	剑龙
■ 类	剑龙类
■ 食性	植食性
■ 体重	3500~3800千克
■ 体形特征	背部有骨板，尾部有尖刺
■ 生存时期	侏罗纪晚期
■ 生活区域	美国

6.5~7米

1.8米

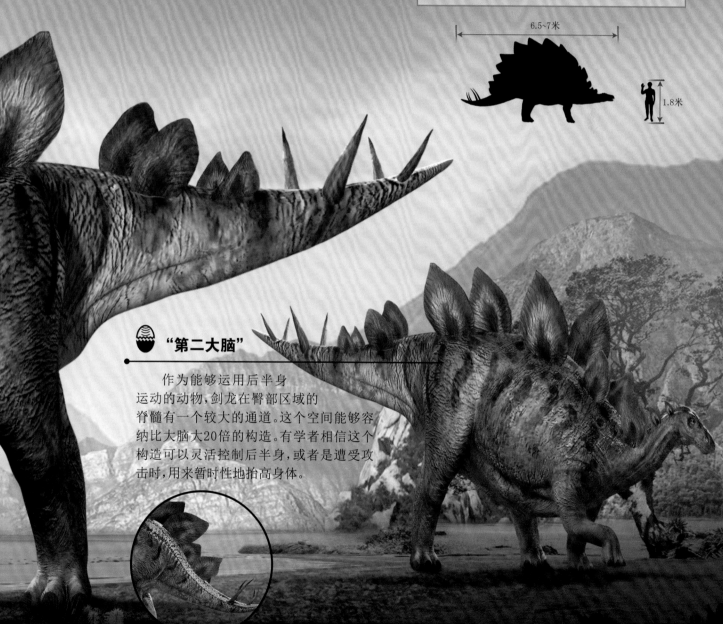

"第二大脑"

　　作为能够运用后半身运动的动物，剑龙在臀部区域的脊髓有一个较大的通道。这个空间能够容纳比大脑大20倍的构造。有学者相信这个构造可以灵活控制后半身，或者是遭受攻击时，用来暂时性地抬高身体。

钉状龙

[骨钉全武行]

1908-1912年,德国的一支探险队来到非洲的坦桑尼亚时,谁都没有想到,这里的恐龙骨骼堆积如山。那时人们只知道这些骨骼属于剑龙类。随后这些背部长着钉状物,骨骼奇特的恐龙,被科学家命名为钉状龙。钉状龙喜欢围在一些巨大恐龙的身边,喜欢生存在灌木之中。由于其在饮食上无法与大型恐龙竞争,所以只食用下面矮小的灌木。

 植物般的伪装

钉状龙背后有可以调节体温的外骨板,外面包裹着色彩缤纷的角质层。当钉状龙趴在地上的时候,远远看去,就像一簇中生代植物。

 **四足行走**

虽然在有些时候钉状龙可以用后肢站起来吃到高处的植物,但是在平时的运动中,钉状龙应该是四足行走的。

拉丁文学名	Kentrosaurus
学名含义	尖刺蜥蜴
中文名称	钉状龙
类	剑龙类
食性	植食性
体重	500千克
体形特征	背部分布着尖刺
生存时期	侏罗纪晚期
生活区域	坦桑尼亚

4米

1.8米

 防身利刺

钉状龙满身的尖刺，从身前到身后有着不断变窄、变尖的趋势，而且分别在两侧的肩下长着向下的尖刺。这种"绝对防御"犹如现在的豪猪。

 独特"大象脚"

钉状龙长了一双"大象脚"，它前肢的第1趾特别长，剩下的3个趾都有爪子；后肢每脚的3个脚趾的趾前都长有类似蹄状结构的爪，可协助支撑钉状龙的身体。

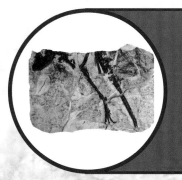

恐龙的早期分布

天宇龙的发现,不仅将异齿龙类的地理分布,从非洲、欧洲、美洲拓展到亚洲,而且证明它们一直生存到了白垩纪早期,并同时证实了欧洲和北美异齿龙类化石的可靠性。

行走方式的界定

天宇龙拥有近乎等长的前后肢,古生物学家一致认为它是可以进行四足行走的。但深入研究后发现,其前肢不具备支撑能力,反而能够进行良好的抓取,所以天宇龙不太可能以四足行走。

天宇龙 [打破羽毛起源禁忌之门]

>>

　　我们知道,羽毛的起源和早期演化一直是古生物学界悬而未决的谜团之一。根据现代胚胎发育学推断,羽毛的演化分为四个阶段:从鳞片延长成原始的管状;基部分叉,鳞片中部增厚,出现羽轴和羽支;长出羽小支和羽小钩等构造,最终形成现代鸟类的飞羽。令人惊奇的是,天宇龙这身毛状物同时具备了管状和不分叉的特点! 在鸟臀类恐龙身上出现这种原始羽毛的结构,出乎所有古生物学家的意料。它的发现很可能将再次打破另一个禁忌——或许最早的恐龙和它们相当一部分后裔都是带"毛"的,恐龙世界将更加绚丽多彩!

羽毛的痕迹

　　天宇龙化石在很多地方都有类似于羽毛的印痕，其尾部的毛状痕迹最长，是尾椎高度的7倍，有6厘米长，这种相互平行、内部中空的羽毛是种真皮衍生物。科学家们推测它的祖先可能也覆盖着类似的毛状结构。

■ 拉丁文学名	Tianyulong
■ 学名含义	来自天宇博物馆的龙
■ 中文名称	天宇龙
■ 类	鸟臀类
■ 食性	植食性
■ 体重	2千克
■ 体形特征	豪猪一样的毛发
■ 生存时期	侏罗纪晚期
■ 生活区域	中国辽宁省

0.7米　　1.8米

不同形态的牙齿

　　天宇龙的牙齿一共分三个不同的形态。有用来相互配合、咬断树叶与茎的嘴前部的圆锥形门牙和后部大牙齿，还有用来战斗和撕裂植物根茎的犬齿及嘴巴两侧的臼齿。用于咀嚼的牙齿可以相互重叠，连续的表面能将粗糙的植物磨碎。

牙齿之间的"磨合"

弯龙的嘴类似现生鹦鹉的喙嘴,其内的叶状牙齿分布在嘴部后段。它灵活的颌部关节可促使颊部前后移动,由此就会让上下颊齿做出类似研磨的动作,帮助其咀嚼苏铁类植物。

坚硬的脊梁

生在脊椎骨神经棘侧边且呈交错形态的筋腱,可强化弯龙的脊柱,使其背部更加硬挺。

5指的划分

弯龙的前肢长有5根手指,但只有前3根有指爪,且拇指的最后1节呈现特殊的马刺状结构。此外,弯龙的指间没有相连的肉垫,腕骨也相互固定着,因此手部很结实,可以帮助弯龙更好地支撑身体的重量。

■ 拉丁文学名	Camptosaurus
■ 学名含义	可弯曲的蜥蜴
■ 中文名称	弯龙
■ 类	鸟脚类
■ 食性	植食性
■ 体重	500千克
■ 体形特征	罕见横突的眼睑骨
■ 生存时期	侏罗纪晚期
■ 生活区域	美国犹他州、怀俄明州

5米

1.8米

被谁夺走了名字

1879年，来自美国的著名古生物学家奥塞内尔·查尔斯·马什将弯龙命名为"Camptonotus"，意思是"可弯曲的背"。但他不知道的是，这一名字已被一种蟋蟀"抢占"，所以又在1885年将弯龙更名为"Camptosaurus"。

弯龙

[沦为食物的悲剧恐龙]

>>>>>>>>>>>>>>>>>>>>>>>>>>>>>>>>>>>>>

在侏罗纪晚期，生活着一种与著名的禽龙极其相似的植食性恐龙。它们拥有十分巨大的身体，常常一起行走在茂密的丛林间。它们，便是禽龙的近亲——弯龙。弯龙是禽龙类家族中最原始的一种。弯龙身体笨重，行动缓慢，大部分时间都是四肢着地的。

颜色的辨识

　　2010年，有学者对近鸟龙羽毛中的黑素体的大小以及分布形态进行了研究，还原出了近鸟龙生前羽毛的颜色。虽然中华龙鸟及中国鸟龙也被推测过羽毛颜色，但还是停留在深色和浅色的分辨上。

"碍事"的腿毛

　　近鸟龙的羽毛几乎覆盖全身，只露出了脚趾，这在恐龙之中十分的罕见。这些过长的羽毛会妨碍近鸟龙在地面运动。

近鸟龙 ［解禁鸟类起源之谜］

　　2008年11月，中国著名古生物学家徐星等人叙述、命名了近鸟龙。这件标本保存较好，学者估计其身长约34厘米，是当时已知最小型的恐龙之一。分支系统学的研究显示，近鸟龙属于原始的鸟翼类，是鸟类的姐妹单元，填补了恐龙演化至鸟类的形态学空白。值得一提的是，近鸟龙的种名"赫氏"是赠予托马斯·亨利·赫胥黎的，以纪念他对进化论的贡献，他也是首次提出恐龙与现生鸟类有演化关系的科学家。

晓廷龙 [赠予郑晓廷先生的龙鸟]

>>>>>>>>>>>>>>>>>>>>>>>>>>>>>>

　　这是一种全身长有漂亮羽毛的恐龙，生活在侏罗纪晚期。这种恐龙以昆虫为食，穿梭在丛林之间，形成了一道绚丽的风景线。作为与始祖鸟有着亲缘关系的恐龙，晓廷龙第一次展现在古生物学家面前时是以一种极其轻盈的姿态。晓廷龙是最小的兽脚类恐龙之一，其出现再次为兽脚类恐龙与鸟具有紧密的亲缘关系提供了有力证据。

四翼飞舞

　　长有强壮前肢的晓廷龙与原始鸟十分相似，足部长有恐爪龙类所有的特化第二趾。长长的飞羽从后肢长出，呈现出典型的四翼状态。

非鸟的"大鸟"

　　在古生物界有一个有趣的现象：如始祖鸟和晓廷龙这样浑身羽毛、能够飞翔的动物并不属于鸟类，它们的形态更接近于恐爪龙类。

永川龙 [冷僻的杀手]

>>>>>>>>>>>>>>>>>>>>>>>>>>>>>>>>>>>>>>

永川龙生活在1.6亿年前的侏罗纪晚期,它生性孤僻,喜欢单兵作战。永川龙的捕杀目标常常是一些性格温驯的植食性恐龙。它一旦盯上所要击杀的猎物,便会展现出其嗜血的本性,运用速度和锋利的牙齿一击即中,猎物很少能够逃脱。

助跑"器材"

永川龙拥有又粗又长的后肢,像今天在沼泽和水边生活的涉禽那样3趾着地,奔跑速度很快。依靠这样的后肢,永川龙就可以快速奔跑,使猎物不能逃脱。

狠毒"刽子手"

永川龙的口腔中排列着匕首般的牙齿。每当永川龙张着血盆大口扑向猎物时,绝大多数会咬断其他植食性恐龙的脖子。

中华盗龙

[新疆猛龙]

>>

1824年,来自英国的古生物学家巴克兰发现了食肉的巨齿龙,首次揭开了肉食性恐龙的残暴世界。1987年,中华盗龙化石被发现,它生活在侏罗纪晚期的准噶尔盆地,是当时当地最大的掠食性动物,这可以帮助我们更加深入地了解生活在此处的恐龙的秘密。

嗜食同类

在大自然中,嗜食同类是极其常见的现象。而在最初挖掘的中华盗龙化石上,古生物学家们同样也发现了其他相似掠食者的牙印,推测这很可能是来自另一只中华盗龙的。

重力支撑

中华盗龙主要依靠3趾来支撑整个身体的重量,因为长在其足部内侧的第一个趾已经退化了,当然就无法分担体重了。

徐星是中国著名的古生物学家，革新了恐龙演化的研究。他共命名过包括暴龙的远亲冠龙和羽王龙等60多个物种。而今，徐星教授的姓名终于被学者赠予了这只新恐龙——徐氏曙光鸟。

诸葛亮的"扇子"

曙光鸟的双翅不仅像鸡的翅膀一样短小可爱，同样也像智者诸葛亮手中的羽毛扇，充满着智慧。这样的翅膀让曙光鸟不受身体重量的限制，恣意徜徉于丛林之中。

曙光鸟　[黎明的无限荣光]

曙光鸟来自已灭绝的侏罗纪恐龙家族，模式种是徐氏曙光鸟。它被古生物学家们认定属于已知的恐龙演化成鸟类过程中的关键基群之一，也是这一阶段发现的最古老的化石。此外，曙光鸟被视为比近鸟龙和晓廷龙等还要早的鸟翼类物种，甚至比鼎鼎大名的始祖鸟还要古老，为研究恐龙如何演化成鸟类带来了不一样的"曙光"！

 细长的尾巴

　　曙光鸟的尾巴长有细小的绒毛，从臀部到尾端逐渐变细，这就为它在树林中滑翔提供了很好的平衡作用，可以让曙光鸟像飞鼠一样恣意滑翔在侏罗纪的丛林中。

▪ 拉丁文学名	Aurornis
▪ 学名含义	黎明之鸟
▪ 中文名称	曙光鸟
▪ 类	兽脚类
▪ 食性	肉食性
▪ 体重	不详
▪ 体形特征	全身披覆着羽毛
▪ 生存时期	侏罗纪晚期
▪ 生活区域	中国辽宁省

0.5米

1.8米

 "西部牛仔"的腿

　　曙光鸟的两只腿后侧长满了又宽又长的羽毛，远远看去既像印第安人头上的羽毛装饰物，又像西部牛仔宽阔肥大的裤子。这些羽毛能够帮助它以滑翔的方式进行移动。

马门溪龙

[中国恐龙大明星]

>>>

　　侏罗纪晚期的中国，随处都是一望无际的广袤森林。有一大群长着极长脖子的蜥脚类恐龙，正在这片大地慢悠悠地生活着。古生物学家得出结论，马门溪龙的脖颈之长，是迄今为止世界上所有动物中最长的。自1954年发现以来，马门溪龙很快以亚洲最大、最完整的恐龙化石震惊了世界，时任中科院院长的郭沫若先生还亲笔题了"合川马门溪龙"。

拥有尾锤

　　相对其长长的脖子而言，马门溪龙的尾巴要短得多，但其尾巴末端很可能有一个尾锤，这可是防身利器！

拉丁文学名	Mamenchisaurus
学名含义	马鸣溪蜥蜴
中文名称	马门溪龙
类	蜥脚类
食性	植食性
体重	5000~75 000千克
体形特征	极长的脖子
生存时期	侏罗纪晚期
生活区域	中国四川省

15~35米(图中约为15米)

活动的力度

颈椎上长长的颈肋导致了马门溪龙脖子的活动范围缩小,因为颈肋的紧紧包裹,只要马门溪龙身体呈"S"状高昂起头,那么颈肋就会刺穿皮肤等软组织,给这只大恐龙造成重创。

工程学的论证

建筑设计工程师表示,马门溪龙的身体结构犹如一座吊桥,脊椎骨犹如钢缆,支撑着颈部和尾部的重量,通过骨骼把重量传递给全身。而它身体的其他部分就犹如桥塔,负责将重量传到地面。

带钉子的防滑鞋

马门溪龙的前足有一个非常发达的大拇指,看上去就像一个尖锐的锥子,这不仅可以帮助马门溪龙站稳脚跟,而且是防御的好武器。

祖母暴龙

[霸主的远祖]

暴龙类恐龙的大名可谓家喻户晓，它们是白垩纪晚期最强大的兽脚类恐龙之一，长期雄霸着北美洲和亚洲大陆东部。它们占据着食物链的顶端，以其自身强大的优势成为当时的君主。那你知道谁是这只明星的"祖先"吗？目前古生物学家发现的最古老的暴龙类恐龙是生存在距今1.57亿年的祖母暴龙。

侏罗纪公园

侏罗纪的环境非常适合恐龙生活。到了侏罗纪晚期，恐龙家族中又增添了许多新的成员，使得恐龙的种类异常丰富。而电影《侏罗纪公园》的推出，更使这个名词深入人心。

三指抓握

祖母暴龙细长的前肢上长有三根手指，其指尖尖锐，是典型的虚骨龙类恐龙的特征。可想而知，这三根手指会协助祖母暴龙更好地捕杀猎物。

▪ 拉丁文学名	Aviatyrannis
▪ 学名含义	暴龙祖母
▪ 中文名称	祖母暴龙
▪ 类	兽脚类
▪ 食性	肉食性
▪ 体重	不详
▪ 体形特征	手上有三指
▪ 生存时期	侏罗纪晚期
▪ 生活区域	葡萄牙

1米

1.8米

🥚 暴龙的影子

祖母暴龙的肠骨长而扁平,而腰带关节的外侧有垂直棱脊,这些都是暴龙类恐龙的典型特征。

🥚 细说齿系

位于祖母暴龙前上颌骨的牙齿横剖面呈字母"D"形。上颌骨和齿骨的牙齿很长,前段弯曲,基部横剖面好似一个椭圆,但是齿冠的横剖面较扁平。

异特龙

[侏罗纪之王]

>>>>>>>>>>>>>>>>>>>>>>>>>>>>>>>>>>>>>>

　　异特龙是侏罗纪晚期的大型肉食恐龙。生长在北美洲的异特龙虽然在体形上略逊于暴龙，但在捕杀猎物方面，异特龙有着比暴龙更适合捕杀大型植食性恐龙的粗大前肢，每一侧都带有3个15.2厘米长的锋利尖爪。在蜥脚类恐龙骨骼化石上的齿痕表明，异特龙可能会捕杀蜥脚类恐龙。此外，一件异特龙的尾椎标本上有个部分愈合的伤口，这个伤口的尺寸和形态与剑龙的尾刺一模一样。

🥚 大爪凶猛

　　异特龙的前肢比后肢要短。异特龙的3根手指中，内侧第一根手指是最长的。如此强壮的前肢当然适合捕捉猎物啦。

■ 拉丁文学名	Allosaurus
■ 学名含义	特别的蜥蜴
■ 中文名称	异特龙
■ 类	兽脚类
■ 食性	肉食性
■ 体重	1400千克
■ 体形特征	脑袋巨大，前肢强壮
■ 生存时期	侏罗纪晚期
■ 生活区域	葡萄牙、坦桑尼亚

8.5米

1.8米

 脆弱的"标识"

异特龙在眼睛上方长着一对角冠，角冠的大小因个体而异。其鼻骨上方一对低矮的棱脊沿着鼻骨连接到眼睛上，这些脊冠可能是用于种群内部互相识别的。

 奔跑高手

异特龙每小时8千米的奔跑速度可称得上是恐龙中的赛跑健将，其实异特龙单纯使用两只后腿进行奔跑，只相当人类慢跑的速度。

闻名于世的官方"代表"

异特龙作为犹他州的官方恐龙，在各大博物馆中也是"常客"。因为在克利夫兰劳埃德恐龙采石场出土了大量的异特龙化石，所以到了1976年，已经有三大洲、八个国家的38个博物馆拥有从克利夫兰劳埃德恐龙采石场获得的异特龙化石。

角鼻龙

［尖角追踪者］

掠食者都有什么特征？大头、粗腰、前肢短小、嘴中布满尖利且弯曲的牙齿。角鼻龙的特征与这些完全符合，但是唯一不同的是它的头部有小的脊冠。角鼻龙的身材略小，生活在侏罗纪晚期。在这个生存有异特龙、蛮龙、迷惑龙、剑龙以及梁龙的时代，角鼻龙以自身的优势在这些"猛兽"之中占有一席之地，成为了那个时代最可怕的杀手之一。

 致命利器

角鼻龙的利齿如刀，其每块前上颌骨都有3颗牙齿，上颌骨上有12颗~15颗牙齿，每块齿骨上则有11颗~15颗牙齿。

 炫耀的装饰

角鼻龙大大的鼻角和眼睛的棱脊，由鼻骨和泪骨隆起形成。这些头部装饰物可以起到视觉展示物的作用。

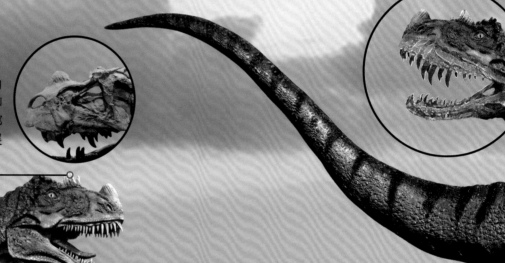

 鳞甲装备

背中线皮内成骨所形成的小型鳞片是角鼻龙防御和进攻的武器。这些鳞片坚硬无比，不仅可以更好地保护背脊，而且还成为有力的进攻装置。

■ 拉丁文学名	Ceratosaurus
■ 学名含义	鼻子带角的恐龙
■ 中文名称	角鼻龙
■ 类	兽脚类
■ 食性	肉食性
■ 体重	600~700千克
■ 体形特征	鼻端有尖角
■ 生存时期	侏罗纪晚期
■ 生活区域	葡萄牙、美国犹他州

6~7米

1.8米

🥤 有趣的猎食

角鼻龙有趣的一面在2001年的电影《侏罗纪公园 Ⅲ》中得以展现，一只角鼻龙曾短暂出现在河畔的画面。该只角鼻龙似乎想猎食一头大型植食性恐龙，但当发现它们身上覆盖着棘龙的粪便后就悻悻离开了。

147

树栖说

　　有一种理论认为始祖鸟是树栖的。之所以始祖鸟会把鳞片变成羽毛是因为这样它就可以进行滑翔，也是因为这样的活动方式获得了更多的生存和繁衍的机会。

 扫描大脑

　　研究者在2004年的研究发现（如左侧的脑颅的3D重建），小小的始祖鸟居然长有比恐龙还要大的大脑，这令始祖鸟具备与现代鸟类飞行时所需的敏锐听觉、平衡、空间感及调控等同样能力。

 不达标的"飞行"

　　始祖鸟并非技术高超的"飞行员"。它的飞行肌肉可能连接在尺骨、板状的鸟喙骨或软骨质的胸板上。此外，学者根据始祖鸟的肱骨、肩胛骨和鸟喙骨之间关节窝的向旁侧定位，推测始祖鸟很难让翅膀上升到身后，实现鼓翼上升。

始祖鸟 [进化论的同期声]

>>

　　达尔文发表《物种起源》之后的两年，也就是1862年，始祖鸟的发现首次被发表，使有关讨论演化之说更为激烈。在始祖鸟生存的侏罗纪晚期，欧洲仍然是个接近赤道的群岛，它由于同时拥有鸟类及兽脚类的特征，使得始祖鸟成为研究演化过程的重要角色。始祖鸟的发现确认了达尔文的理论，并从此成为恐龙与鸟类之间的关系、过渡性化石及演化的重要证据。但最新的研究表明，近鸟龙、晓廷龙和曙光鸟都比始祖鸟要古老与原始。

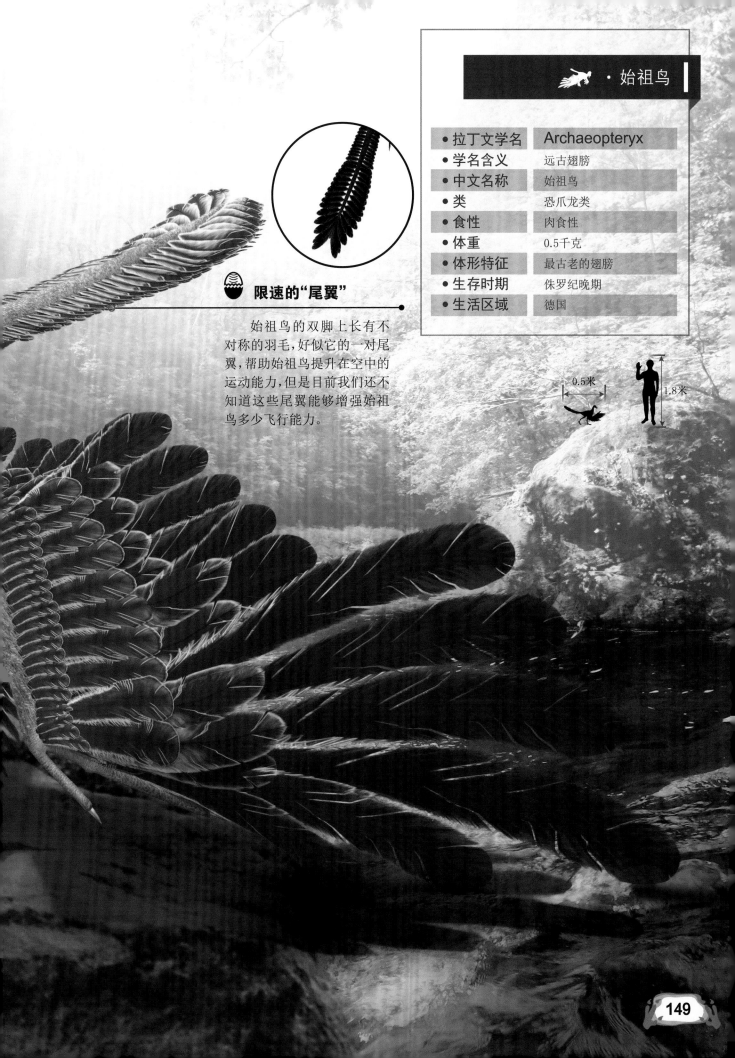

• 拉丁文学名	Archaeopteryx
• 学名含义	远古翅膀
• 中文名称	始祖鸟
• 类	恐爪龙类
• 食性	肉食性
• 体重	0.5千克
• 体形特征	最古老的翅膀
• 生存时期	侏罗纪晚期
• 生活区域	德国

限速的"尾翼"

始祖鸟的双脚上长有不对称的羽毛,好似它的一对尾翼,帮助始祖鸟提升在空中的运动能力,但是目前我们还不知道这些尾翼能够增强始祖鸟多少飞行能力。

0.5米

1.8米

史托龙

[原始猎霸]

>>

　　白垩纪时期的暴龙类恐龙凶猛无比，而在侏罗纪时期的美国犹他州，也出现了这些凶悍恐龙的影子，这种食肉恐龙就是残暴的史托龙。1970年，美国犹他州的地质学家，史托博士发现并将其命名。史托龙有着强悍的身体和如尖刀般锋利的牙齿，无愧是当时的顶级猎食者。

强健支撑

　　史托龙用三个脚趾踩在地面上，稳固的踝部不仅会让史托龙轻松地走在崎岖的大地上，还能让它快速捕获猎物。

 巨头压顶

虽然还没有发现史托龙的头骨化石,但古生物学家根据暴龙类的特征,推断它应该也有一个大脑袋。

▪ 拉丁文学名	Stokesosaurus
▪ 学名含义	史托的蜥蜴
▪ 中文名称	史托龙
▪ 类	兽脚类
▪ 食性	肉食性
▪ 体重	60千克
▪ 体形特征	身体强壮,后肢发达
▪ 生存时期	侏罗纪晚期
▪ 生活区域	美国犹他州

傲首扬鞭

史托龙的尾巴又长又重,长度约与身体等长。尾巴可帮助头部和身体保持平衡。它们长长的尾巴就像一条有力的鞭子,是又一强悍的武器装备。

叉龙

[不起眼的大家伙]

>>>

一群恐龙走过侏罗纪晚期的非洲大地，当时的非洲大陆并不像现在这样干燥。恐龙挺起它们的长脖子，小小的脑袋在脖子的顶端，长长的尾巴摆荡在身后。在这群恐龙之中有一种头部较大、脖子较短、背部长有脊状物的恐龙，这种恐龙就是叉龙。由于这些恐龙在进食高度上存在着差异，所以它们之间并没有明显的冲突，可以和睦相处。

🥚 趾爪迷踪

对于只有第一趾具有爪的叉龙来说，谜团从没减少过。研究发现，这只趾爪长得异常巨大，而且并没有像其他脚趾一样与掌骨相连，其可能作为一件防御武器，但这只是推测。

·叉龙

▪ 拉丁文学名	Dicraeosaurus
▪ 学名含义	双叉蜥蜴
▪ 中文名称	叉龙
▪ 类	蜥脚类
▪ 食性	植食性
▪ 体重	5000~6000千克
▪ 体形特征	颈部较短，头部较大
▪ 生存时期	侏罗纪晚期
▪ 生活区域	非洲

 脊部"叉子"

叉龙的脊椎与神经棘之间为了提供肌肉附着的空间，导致两者并不是直的，中间以韧带连接使得在叉龙的背部形成了"Y"形的龙脊。

14~15米

1.8米

痕迹推测

有关梁龙类的研究显示，这一科的恐龙都具有狭窄的口鼻部，而从牙齿磨损情况来看，叉龙的牙齿磨损粗糙，这表明叉龙是以中等高度植被、特定植物为食的。

 长尾防护

叉龙的尾巴十分的长，但是并不像是其他恐龙一样的鞭状尾巴。叉龙的尾巴在中央有双叉型的脉弧，可以作为脊椎的延伸来支撑脊椎，而且在支撑的同时可以保护血管。

有点笨笨的

圆顶龙有着短而高的方形颅骨,大脑很小。虽然大脑并不是十分灵活,但是依靠敏锐的嗅觉,圆顶龙对危险能够有效规避。

 齐整的"凿子"

圆顶龙的颌部上长着19厘米形如锥子的牙齿。根据牙齿强度测试表明,圆顶龙的牙齿强度比梁龙的细长牙齿更易于吞食较为粗糙的食物。但即使它们生活在同一个环境里,也没有竞争关系。

圆顶龙 [雄健的"骏马"]

>>>>>>>>>>>>>>>>>>>>>>>>>

北美洲最为著名的恐龙之一——圆顶龙生活在侏罗纪晚期开阔的平原上。在美国发现的圆顶龙化石保存得都十分完好。其中一具六米长的小圆顶龙化石完好地保存了下来,埋葬的姿势就像一匹奔跑的骏马。从化石标本可以看出圆顶龙的脖子较短,但是它以自身强壮的体魄和坚实的四肢丝毫没有逊色于其他恐龙,反而在形象上展现出了其自身特有的巍峨英姿。

拉丁文学名	Camarasaurus
学名含义	有空室的蜥蜴
中文名称	圆顶龙
类	蜥脚类
食性	植食性
体重	18 000千克
体形特征	体格粗壮，头部小
生存时期	侏罗纪晚期
生活区域	美国犹他州、科罗拉多州

轻"装"上阵

圆顶龙的12节颈椎与肋骨相互重叠，使得圆顶龙的颈部更加硬挺。圆顶龙多数椎体都是空心的，有利于减轻体重。

13~18米

1.8米

集体死亡记录

1997-1998年，美国堪萨斯大学自然历史博物馆与生物多样性研究中心在怀俄明州发现两个圆顶龙及一头12米长的幼龙标本。这个集体死亡的化石记录显示出圆顶龙是以群体(或至少是以家庭)行动的。

愚钝的脑袋

刨去各种开口与腔室，腕龙原本不大的脑袋就更小了。所以它可能并不聪明，因为脑容量实在太有限了！

进食的抉择

8米多长的脖子，使科学家们怀疑它的心脏是否能够向头部提供充足的血液。为了保持正常的供血，腕龙只能食用与肩同高或者更低的食物。

拉丁文学名	Brachiosaurus
学名含义	手臂蜥蜴
中文名称	腕龙
类	蜥脚类
食性	植食性
体重	35 000千克
体形特征	前肢长于后肢
生存时期	侏罗纪晚期
生活区域	北美洲

🥚 鼻孔的位置

在过去的很多年中,科学家们认为腕龙长在头顶的鼻孔是为了其潜入水中所使用的呼吸器。但是研究发现,腕龙根本不适应水中的水压,是十足的陆地动物。但有一些人认为其鼻孔仍处于口鼻前端,头上的隆起是某种肉质的共鸣腔室。

22米

1.8米

📖 假如腕龙生活在现代

腕龙抬起它的头部可以离地面13米,想一想如果在现在,它小小的头部随时可以钻进四五层楼的窗户里面,是不是很有趣呢!

腕龙 [移动收割机]

>>

当大风掠过这片侏罗纪晚期的草原时,明显能够感觉到大地在颤抖,那是一群恐龙刚刚走过草原。它们从草原走向丛林,又从丛林走向草原,周而复始地为了食物而不断迁徙。腕龙作为侏罗纪晚期恐龙世界最为庞大的动物之一,在草原与丛林中不断搜罗着蕨类、苏铁类及木贼类植物,忙忙碌碌,只为了每一天所需的1.5吨食物。

梁龙

[疯狂的长鞭]

>>

作为辨识度最高的恐龙之一,梁龙拥有巨大的长颈、长长的尾巴以及强壮的四肢。它作为著名的食植性恐龙代表,生活在侏罗纪晚期的北美洲西部。梁龙是一种被大众熟知的恐龙,在各地都有它大量的骨架以及复原模型放在博物馆中。要知道,人们对这种恐龙的喜爱并不是从最近几年开始的,而在一个多世纪以前,梁龙就已经"行走在"世界各地,被大众所知。

迷人的身影

自从梁龙被发现以来,由其参演的影视作品也日趋增多。如其荧幕首秀——动画电影《恐龙葛蒂》;最近几年,梁龙又精彩"参演"了英国BBC备受欢迎的电视节目——《与恐龙共舞》。

进食方式

梁龙在日常进食的过程中,不能够将头部抬到身高水平以上的高度,因为从梁龙椎骨的骨骼间啮合方式来看,它只能把头伸向地面。

长尾"效应"

80节尾椎所组成的"长鞭"拥有着特殊的结构：在尾巴的中央部分有双叉型的脉弧，可能是支撑脊椎，或是在尾巴压在地面时，保护血管免受破损。过去，研究者们对"巨尾"曾有许多假设，例如防卫或制造声响的功能。

■ 拉丁文学名	Diplodocus
■ 学名含义	双倍横梁
■ 中文名称	梁龙
■ 类	蜥脚类
■ 食性	植食性
■ 体重	12 000~30 000千克
■ 体形特征	极细的尾巴
■ 生存时期	侏罗纪末期
■ 生活区域	美国犹他州、蒙大拿州

25~32米（图中约为25米）

1.8米

特别的齿构

梁龙的牙齿有着修长的齿冠，其横切面好似一个椭圆。齿尖是一个钝角，磨损最明显。由此可知，磨蚀面位于上下牙齿的颊侧。

地震龙

［震彻大地］

>>>

侏罗纪晚期，地震龙横行在陆地之上。这种超大型的植食性恐龙最长可长到32米。当这只可以撼动大地的巨龙被发现时，学者们都认为其属于一个独立的属。可是古生物学家经过不断的深入研究，发现地震龙可能是梁龙属的一个大型种，甚至它的化石其实就是一只长得过于巨大的梁龙的骨骼化石而已。

 骨骼操控

地震龙由中轴骨骼进行支撑，而这个中轴骨骼是由大约95节脊椎骨相互连接而成的。15节在脖子、10节在背，而地震龙的尾巴大约有70节椎骨。

■ 拉丁文学名	Seismosaurus
■ 学名含义	使大地震动的蜥蜴
■ 中文名称	地震龙
■ 类	蜥脚类
■ 食性	植食性
■ 体重	22 000~27 000千克
■ 体形特征	鼻孔长在头顶上
■ 生存时期	侏罗纪晚期
■ 生活区域	美国犹他州、蒙大拿州

25~32米（图中约为25米）

1.8米

足部"防御"

地震龙前肢内侧的脚趾上有一个巨大而弯曲的爪，那可是它们锋利的自卫武器。就像人类的鞋后跟一样，地震龙的脚下大概也长有能将其脚趾垫起来的脚掌垫，在行走时就不会因为支持沉重的身体而使肌肉感到疼痛了。

一口也不嚼

地震龙只能吃一些柔嫩多汁的植物，这是因为它的牙齿只长在嘴的前部，而且很细小，使得地震龙吃东西时不需要咀嚼。

迷惑龙

[我是雷龙啊！亲们！]

>>>

1877年，马什公布一个新的蜥脚类恐龙——迷惑龙。马什不知道这一次命名把未来古生物学术界真正地迷惑了。时间转到了化石战争的1879年，马什为了争先发表自己的发掘成果，将在美国怀俄明州采到的两副无头骨、不完整的蜥脚类恐龙骨架，命名为雷龙。但经研究发现，这两种龙其实同属为一种龙。吹毛求疵的古生物学家们舍弃了"雷龙"这个大众熟悉的名字，将其正式更名为"迷惑龙"。这段故事同时也变成了"化石战争"中最著名的故事——"迷惑的名字"。

胃石来协助

与许多蜥脚类恐龙一样，迷惑龙吃食物时有些囫囵吞枣，于是便需要胃部的小石子，也就是胃石来帮助消化啦。

162

·迷惑龙

■ 拉丁文学名	Apatosaurus
■ 学名含义	令人迷惑的蜥蜴
■ 中文名称	迷惑龙
■ 类	蜥脚类
■ 食性	植食性
■ 体重	14 000~20 000千克
■ 体形特征	最经典的蜥脚类外形
■ 生存时期	侏罗纪晚期
■ 生活区域	美国犹他州、怀俄明州

22~23米

1.8米

🥚 颈部转角

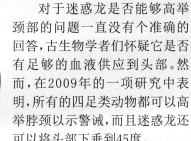

对于迷惑龙是否能够高举颈部的问题一直没有个准确的回答，古生物学者们怀疑它是否有足够的血液供应到头部。然而，在2009年的一项研究中表明，所有的四足类动物都可以高举脖颈以示警诫，而且迷惑龙还可以将头部下垂到45度。

🥚 响声"雷动"

1997年，经由电脑模拟的迷惑龙长尾被认为在挥动时可以发出200分贝以上的声响。这种声响可与大炮发射的音量相匹敌，威力当然也不可小觑啦！

📷 改头换面

由于出现在同一个采石场，迷惑龙在被发掘后的三十年都在用着"别人的脑袋"（圆顶龙的头骨化石）。直到过了三十年，这个憨厚的迷惑龙头骨才回到了自己的"正身"，"重新做龙"。

欧罗巴龙 [蜥脚类中的霍比特人]

在侏罗纪晚期的德国北部,生活着一群欧罗巴龙,它们是原始大鼻龙类恐龙,属于蜥脚类。奇怪的是,本应有着巨大身体,高傲地漫步在丛林中的它们,却莫名地长成了小个子。古生物学家研究它们的骨头组织后推测,长小个子是为了适应岛屿的生存环境。

醒目的大鼻孔

和其他大鼻龙类一样,欧罗巴龙的脑袋上方也有大型的鼻孔,可能作为扬声器来使用。

拉丁文学名	Europasaurus
学名含义	欧罗巴蜥蜴
中文名称	欧罗巴龙
类	蜥脚类
食性	植食性
体重	750千克
体形特征	侏儒体形
生存时期	侏罗纪晚期
生活区域	德国

5.7米

1.8米

小个子

古生物学家们发现，与典型的大型蜥脚类恐龙——圆顶龙的长骨头组织相比，欧罗巴龙的体形很小，并提出这是它生长速率减慢的缘故。

侏儒症

2006年，有研究者提出在迁徙到一个岛屿后，欧罗巴龙便快速患有侏儒症。你能猜到这是为什么吗？因为即使是其中最大的岛屿，也没办法为欧罗巴龙迁徙前的大体形提供充足的食物。所以为了自身的生存，欧罗巴龙们只能演化成小个子啦！

165

超龙 [超大号巡洋舰]

超龙在恐龙中来说可谓是"巨中之巨",其庞大的体形已经把任何现生大型哺乳类远远抛在身后,"以颈作桥,以身为室"来形容它也不足为过。超龙曾经被认为是恐龙家族中最巨大的一员,但后来的阿根廷龙将这个位置取代了。

 舞动"长鞭"

超龙有着蜥臀类恐龙最显著的特点,即长长的尾巴,如鞭似的尾巴不仅可以在运动过程中保持平衡,而且在面临敌人时可以有效地进行攻击、自卫。

巨大的化石

超龙的模式标本发现于1972年,不过发现的化石并不多,包括了肩胛骨、坐骨与少数颈椎。如果将超龙的肩胛骨竖立起来,将高达24米,这比成年人还高。

 觅食的限制

梁龙科恐龙的脖子都很长，根据最近的电脑模拟显示，它们可能无法如同其他蜥脚类恐龙一样高举它们的颈部，而是在较低的区域用颈部横向觅食。不过，这个说法现在还存在争议。

▪ 拉丁文学名	Supersaurus
▪ 学名含义	超级蜥蜴
▪ 中文名称	超龙
▪ 类	蜥脚类
▪ 食性	植食性
▪ 体重	35 000千克
▪ 体形特征	身躯极长
▪ 生存时期	侏罗纪晚期
▪ 生活区域	美国怀俄明州

 独有的尖刺

超龙的颈背部上密布着尖刺，不过，这样的尖刺其实并没有什么太大的用处，因为对掠食者而言，超龙最可怕的地方是它极其庞大的体形。

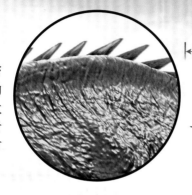

35米

1.8米

长颈巨龙

[腕龙的Cosplay]

　　侏罗纪晚期的东非地区，生活着一种大型的植食性恐龙——长颈巨龙。最初，古生物界的学者们基本不认同长颈巨龙属于一个独立的种，因此它被认为属于腕龙，叫作布氏腕龙。但是在2009年，有人发表了来自腕龙和长颈巨龙的详细比较，显示这两者不论在体形和外形上，还是颅骨形状上，都存在明显的差异。最终，长颈巨龙成立了自己的家族，在恐龙世界有了一席之地。

从牙齿得到的依据

　　过去有些研究者认为许多蜥脚类恐龙长有类似大象的长鼻，但是从长颈巨龙的牙齿化石的磨损程度来看，它们不会有长鼻结构。因为如果有长鼻，就不会用嘴来撕咬树叶，牙齿也应会有更多的磨损痕迹。

高效平衡器

　　长颈巨龙的尾巴较长，因此有学者推测在其臀部脊椎处应附有大型脊髓，协助长颈巨龙控制身体的后半部动作，成为其行动的高效平衡器。

大身材的小智慧

与其庞大的体形相比，长颈巨龙的脑袋就小得多了，大约只有300立方厘米。此外，长颈巨龙的脑与身体质量比是相当低的，约为0.62或0.79，这表明长颈巨龙的脑容量非常低，也就是说它是一只笨笨的恐龙。

■ 拉丁文学名	Giraffatitan
■ 学名含义	巨大长颈鹿
■ 中文名称	长颈巨龙
■ 类	蜥脚类
■ 食性	植食性
■ 体重	40 000千克
■ 体形特征	脖子非常长
■ 生存时期	侏罗纪晚期
■ 生活区域	坦桑尼亚

23米

1.8米

"吉尼斯"之旅

德国的柏林自然博物馆（又称洪堡博物馆）内展有一个长颈巨龙的骨架模型，是全世界最大的恐龙骨架模型之一，被命名为布氏腕龙。这是一个由数件真实标本和模型组合而成的恐龙模型，因其"全世界最高"的记录而被列为吉尼斯纪录。

重龙

［龙龙有分量］

重龙是一种大型的梁龙类恐龙,其大个头丝毫不逊色于它的亲戚们。它们怡然自得地生活在侏罗纪晚期,那时气候温暖,大量的植物借由雨水疯狂地生长着,为植食性的重龙提供了丰富的食物来源。这群恐龙也就渐渐地控制不住自身的体重了,成为了"重量"家族的一员。

后肢推断

纽约的美国自然历史博物馆展示了一个重龙的骨骼模型。它用后肢站立,以保护幼龙免受异特龙的侵袭。目前还不确定重龙是否可以用后肢站立。如果可以用后肢站立的话,那么重龙的后肢一定相当有力。

弯刀自卫

重龙的前脚内趾上长着大而弯的爪,是它们用来自卫的武器。重龙用脚趾接触地面,而不是脚掌。

长颈中空

重龙的颈椎神经棘较矮且较简单。颈椎中空且有洞孔，显示颈部并非想象中的那么重。

■ 拉丁文学名	Barosaurus
■ 学名含义	重型恐龙
■ 中文名称	重龙
■ 类	蜥脚类
■ 食性	植食性
■ 体重	12 000千克
■ 体形特征	长颈部和长尾巴
■ 生存时期	侏罗纪晚期
■ 生活区域	美国南达科他州

27米

1.8米

纤细鞭尾

重龙尾椎下侧的脉弧呈双叉型，有明显的前骨突，与梁龙类似。重龙的尾巴可能呈鞭尾状，但比梁龙的更短，也更为纤细，是抽打敌人的利器。

綦江龙 [觉醒的史前巨兽]

在侏罗纪晚期的中国綦江，生存着一群巨大的蜥脚类恐龙。饿了，就伸长脖子享受树木顶端的枝叶；渴了，就漫步溪岸低饮淡水。可是，一场突如其来的史前灾难让它们一直沉睡着。最终，在21世纪被发现，这群睡了两亿年的恐龙终于苏醒了。它们就是綦江龙，侏罗纪晚期中国南方长颈恐龙的一个新成员。

🥚 椎体有奥秘

虽然綦江龙的个体要小于马门溪龙，但椎体序列同马门溪龙相比，有更多的气腔，这就使得綦江龙可以更好地驾驭自己庞大的身躯，平稳地在陆地上行走。

 极长的脖子

綦江龙有一个由17枚颈椎组成的极长的颈部,长度接近体长的一半,这就使得綦江龙能够吃到高处的树叶。那么想要维持其巨大身躯每日所需的能量也就不难了。

■ 拉丁文学名	Qijianglong guokr
■ 学名含义	綦江的恐龙
■ 中文名称	綦江龙
■ 类	蜥脚类
■ 食性	植食性
■ 体重	不详
■ 体形特征	极长的脖子
■ 生存时期	侏罗纪晚期
■ 生活区域	中国重庆

16米

 1.8米

 特别的颅骨

綦江龙颅骨顶部由长度大致相等的颧骨和顶骨组成;没有额顶骨孔,但有后顶骨孔;顶骨和眶后骨相接等特点,使得綦江龙大大区别于马门溪龙和峨眉龙。

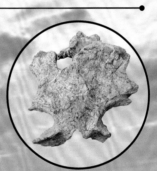

 **有趣的种名**

綦江龙的种名非常有趣,叫"果壳"。这是研究者将其赠予科普网站"果壳网"的缘故。果壳的名字源自著名的科普书——《哈姆雷特》和《果壳中的宇宙》。

短尾成依赖

　　蛙嘴龙较短的尾椎关节使得尾巴特别短，所以飞行对于蛙嘴龙来说不是十分擅长，这可能也是蛙嘴龙常常寄居在大型食草恐龙身上的原因吧。

小巧双翼

　　蛙嘴龙的双翼短而宽，其右翼膜连接至脚踝，飞行速度缓慢。所以古生物学家推测蛙嘴龙是种慢速捕捉猎物的飞行动物。

 **错成嗜血狂魔**

　　在科幻节目《远古入侵》的第五集中，编剧错误地将蛙嘴龙描述成生态习性类似食人鱼并具有超强的嗅觉能力的恐龙，可对血液百米定位，分分钟将猎物吞食完毕。

▪拉丁文学名	Anurognathus
▪学名含义	没有尾巴和下巴
▪中文名称	蛙嘴龙
▪类	喙嘴龙类
▪食性	肉食性
▪体重	不详
▪体形特征	短小尾巴和针状牙齿
▪生存时期	侏罗纪晚期
▪生活区域	德国

1.8米

0.5米

 独特的立体视觉

　　蛙嘴龙较小的眶前孔和鼻孔位于平坦口鼻部的前段,稍微朝前的眼眶使得蛙嘴龙具有某种程度的立体视觉。

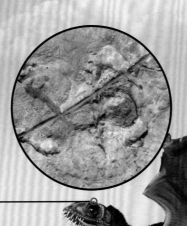

蛙嘴龙 [寄生生活]

>>>

　　梁龙和腕龙漫步在侏罗纪晚期的旷野平原上,这些1.5亿年前的夕阳照着它们魁梧的身体,有几只精巧的小翼龙正停靠在大块头的身上。这些翼龙并不是单纯地进行停靠,而是在寻找作为食物的昆虫。这些小翼龙就叫作蛙嘴龙,生有精巧的小脑袋及满嘴的针状牙齿,常年寄居在大型恐龙身上。这样蛙嘴龙就能够在消耗最小体力的同时,享有那些不用捕抓就能自投罗网的昆虫们。

四川的"恐龙窝"

蜀龙动物群是一个包含多种类型恐龙的"恐龙公园"。其中，原蜥脚类已经消失，鸟脚类、剑龙类、兽脚类和翼龙类都处于比较原始的发展阶段。

 ### "闪电"之翼

狭鼻翼龙的两翼展开足有1.6米长，翅膀下面绘有类似闪电的标志。虽说它们飞行的速度不会有闪电那么快，但也足够成为它们生活区域的天空主宰。

狭鼻翼龙

[盐都来客]

在中侏罗纪承上启下的蜀龙动物群中，包含着特征丰富且类型多样的恐龙动物群，而天空主宰——狭鼻翼龙，就是其中的佼佼者。对于狭鼻翼龙来说，其出土的化石稀少，只有部分头骨以及下颌骨，但是骨骼化石保持得十分完整，在中国恐龙发展史上占有重要的地位。狭鼻翼龙的发现，无论在地层与地理分布上，还是在翼龙类型上，都填补了中国翼龙化石发现和研究的空白。

拉丁文学名	Angustinaripterus
学名含义	拥有狭窄鼻孔的翼龙
中文名称	狭鼻翼龙
类	喙嘴龙类
食性	肉食性
体重	3千克
体形特征	斜长鼻孔
生存时期	侏罗纪中期
生活区域	中国四川省

1.6米

1.8米

进化的论据

狭鼻翼龙处于外鼻孔和眶前孔接近愈合的阶段，而在进步的翼手龙类中，外鼻孔与眶前孔早已愈合为鼻眶前孔。说明它与翼手龙类关系密切，处于喙嘴龙类向翼手龙类过渡的阶段。

紧凑的配合

狭鼻翼龙的嘴巴中有许多牙齿。上颌每侧有9颗牙齿，3枚前颌齿微弯（如右侧化石图），并显著向前倾斜。下颌每侧有9~10枚牙齿，前部的牙齿长而尖细，中后部的牙齿比较粗短。这些牙齿上下咬合得十分紧凑，齿冠表面光滑，无纹饰，断面近圆形，可用来捕捉水中的鱼类。

尖锐如针的爪

翼手喙龙倒数第2个脚趾上长有锋利的爪子，在长度参差不齐的脚趾中，更加显露出它的细、长、尖像针尖一样，当然就可以轻松地，牢牢锁住猎物啦！

高傲的炫耀

精致的头冠是由头冠基骨连接角质组织形成的。头冠尾部曲线下降，中部成圆形，前端是陡峭的头冠前缘。头冠对于翼手喙龙来说不仅仅装点了其头部，更主要的是可以用它向异性进行炫耀。

翼手喙龙 [骄傲的皇冠]

翼手喙龙化石的发现是古生物学家们十分欣慰的一件事，因为在内蒙古赤峰市的道虎沟组发现的天然状态、接近于完整的翼手喙龙化石对于翼龙类的研究有了一个新的参考。这只翼龙生活在侏罗纪中期，以头上高高的冠式为特征在翼龙大家族中异军突起。但是古生物界目前还没有太多的翼手喙龙资料，所以对于这只翼龙的种种猜想，还需要在未来的日子里对其化石进行进一步的研究。

 灵活的膝关节

    活动的膝关节，使得其小腿能够向内转动，此生理构造可让翼手喙龙向前、向后移动。特别是在行走时，它的整个脚掌都可以向前、向后活动。

▪ 拉丁文学名	Pterorhynchus
▪ 学名含义	翼状口鼻部
▪ 中文名称	翼手喙龙
▪ 类	喙嘴龙类
▪ 食性	肉食性
▪ 体重	不详
▪ 体形特征	高而扁的头冠
▪ 生存时期	侏罗纪中期
▪ 生活区域	中国内蒙古自治区

0.85米

1.8米

 **命名故事**

    翼手喙龙是由古生物学家斯特芬·柯瑞克斯与季强于2002年命名的，化石产地和层位与热河翼龙相同，种名"沃氏"，赠予翼龙类权威专家沃尔赫费尔。沃尔赫费尔是非常出色的古生物学家，其翼龙专著迄今仍然是学科内最好的参考书之一。

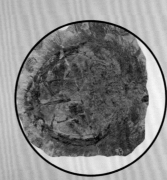

咀嚼的"主食"

　　热河翼龙的嘴巴宽而短，牙齿也较短。前上颌骨的牙齿比上颌骨的牙齿长且弯曲。此种牙齿结构决定了热河翼龙应该以昆虫为主要食物。

浮游的工具

　　热河翼龙的右脚趾上有带蹼的痕迹并且覆有纤维，说明它或许可以像鸭子一样游水。当游水时，蹼可以通过扩大推水面积以增加对水的推力，产生的反作用力就会让热河翼龙前进。

热河翼龙 ［完美的封存］

>>

　　2002年在举世闻名的热河地区原始的翼龙化石被发现了，古生物学家在内蒙古宁城找到的热河翼龙标本近乎完整，是蛙嘴龙类中最完整、最大的一件，也是所有已知翼龙中保存有最好的翼膜和毛的标本。

· 热河翼龙

■ 拉丁文学名	Jeholopterus
■ 学名含义	热河翅膀
■ 中文名称	热河翼龙
■ 类	喙嘴龙类
■ 食性	肉食性
■ 体重	2千克
■ 体形特征	尾巴末端一圈扇形的"毛"
■ 生存时期	白垩纪早期
■ 生活区域	中国内蒙古自治区

 隐蔽杀手

　　热河翼龙保存有一圈毛状皮肤衍生物，从腹部到肩膀、脖子、尾巴，遍布全身。全身长"毛"很可能是为了调节体温，增强飞行能力，或者在飞翔中捕获猎物时起到消声的作用。

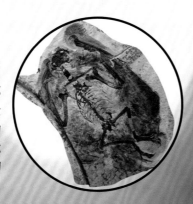

0.9米　　1.8米

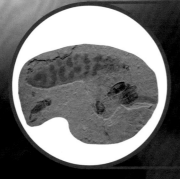

食谱的秘密

　　正如我们上文所说的，从头骨形态及牙齿形状上看，热河翼龙应该是以捕食昆虫为主，当时的道虎沟，存在着大量昆虫，目前发现的至少包括中四节蜉、中珠蜉、沟蠊、棕鸣螽、中国带石蝇、东辽划蝽、承德沫蝉和辽蚊蝎蛉等。

重大的献礼

达尔文翼龙的命名是为纪念两大重要事件，即进化论奠基者查尔斯·达尔文200周年诞辰和其《物种起源》发表150周年。

 ### 掠食之道

达尔文翼龙之所以可以快速地从树枝树叶间捕捉食物，是因为在达尔文翼龙的口鼻部前端生长着大型的牙齿，而且所有的牙齿都是宽间距的方式排列。

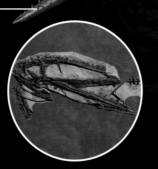

达尔文翼龙 ［向达尔文致敬］

>>>

达尔文翼龙生活在侏罗纪中期。其作为原始类群向进步类群演化期间的翼龙，达尔文翼龙的出现要比现在普遍认知的始祖鸟还要早大约1千万年。达尔文翼龙同时具有喙嘴龙类的原始特征以及翼手龙类的进步特征，而对于古生物界来说，发现达尔文翼龙对翼龙的演化中遗失环节以及翼龙的分类上都具有重要的研究价值，这也是近百年来古脊椎化石的重大发现之一。

▪ 拉丁文学名	Darwinopterus
▪ 学名含义	达尔文的翅膀
▪ 中文名称	达尔文翼龙
▪ 类	喙嘴龙类
▪ 食性	肉食性
▪ 体重	不详
▪ 体形特征	混合着两类翼龙的特征
▪ 生存时期	侏罗纪中期
▪ 生活区域	中国辽宁省

0.9米　　　1.8米

 长长的尾巴

20节尾椎椎体加之有加长纤细的前后关节突及脉弧的包裹,使得达尔文翼龙的尾巴非常僵硬。

 雌雄分化

在对达尔文翼龙化石的研究发现,达尔文翼龙雌、雄两性的外形分为不同的两个类型,故称为两性异形动物。雌龙一般没有雄性的大型头冠;而对于骨盆来说,雌龙的骨盆大而宽广,雄龙的骨盆小而狭窄。

攀爬高手

和其他翼龙一样,鹅喙翼龙剩下的3根指骨发育正常,并长有强有力、锋利弯曲的钩爪。钩爪的屈肌突发达,使它们都成为攀岩或攀爬的高手。

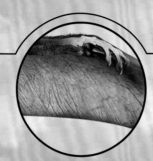

神奇的翼膜

有学者认为翼龙的翼膜中有一些微小的肌肉纤维,它们呈放射状,僵硬、坚固,薄而平整,由皮肤连接在一起,可能像雨伞的伞骨般,对翼膜起到补强的作用。

鹅喙翼龙 [封冠爵士]

>>>>>>>>>>>>>>>>>>>>>>>>>>>

1854年的一天,被喻为"地质考察先驱"的古生物学家昆斯泰教授终于弄清了一块来自德国南方斯瓦本山脉的翼龙化石,他兴高采烈地写道:"我终于知道,在符腾堡上侏罗统石灰岩中找到的第一块翼手龙化石的一些眉目了。"昆斯泰所说的这块化石是斯瓦本山脉的第一块翼龙化石,来自靠近施瓦本的纽斯普林根地区采石场,地质年代与索伦霍芬非常相似,而这只翼龙便是鹅喙翼龙。

• 拉丁文学名	Cycnorhamphus
• 学名含义	天鹅的喙嘴
• 中文名称	鹅喙翼龙
• 类	翼手龙类
• 食性	肉食性
• 体重	不详
• 体形特征	牙齿长、呈向前突出状
• 生存时期	侏罗纪晚期
• 生活区域	法国、德国

1米   1.8米

特化的气囊

鹅喙翼龙的骨骼中充满了气囊，不仅能够使自身重量降低，还能吸入空气进行循环使，体内肌肉产生的热量散发出去。

非同寻常的牙齿

鹅喙翼龙的头骨长15厘米，长着一个延长的喙嘴，仅在颌部前端长有细牙，这些前倾的尖牙对于捕捉水中滑溜溜的鱼来说是很有效的工具。

牙齿的秘密

德国翼龙拥有粗厚的上颌牙齿,分为前后上颌牙齿。前上颌骨有4~5颗牙齿,上颌骨有8~12颗牙齿。这样的排列方式可以有效帮助其过滤食物。

跨国亲缘

中国古生物学家杨钟健认为,从各项研究发现,德国翼龙与中国的准噶尔翼龙有一定的联系,甚至在体形上都有一定的相似性。

拉丁文学名	Germanodactylus
学名含义	德国的手指
中文名称	德国翼龙
类	翼手龙类
食性	肉食性
体重	不详
体形特征	头部有冠饰，嘴部尖长
生存时期	侏罗纪晚期
生活区域	德国

脊冠的状态

德国翼龙的典型特征是其头骨的中线处有一个低矮的、弧矢状的脊冠，从鼻孔上面一直延伸到眼眶上方。

0.98~1米   1.8米

"炫耀"飞翔

德国翼龙有如蝙蝠一样轻薄的翅膀，在飞翔过程中令头上的彩色"头巾"在天空中画出一道"彩虹"。

德国翼龙 [尖嘴征服者]

>>

在翼龙种类繁多的侏罗纪晚期，德国翼龙生活在索伦霍芬，古生物学家在早年并没有发现德国翼龙的软组织，直到2002年才发现，因此德国翼龙是首次发现头冠有软组织覆盖的翼龙类，这个特征可能翼龙类均拥有。

浅隐龙

[长颈大将]

>>>

　　地球上的老房客,前后鳍的摆动,在辽阔的大海中看不到涟漪。蛇颈龙类这个古老的种族在大海中守护着自己的领地,它们摆动着最具特色的长脖子,在海洋中维系着以自己为主的海洋秩序。在现在的欧洲地区,侏罗纪中期同样有一种蛇颈龙类,这种动物就是古生物学家最为了解的蛇颈龙类之一——浅隐龙。

🥚 "隐形"锁骨

　　浅隐龙极小的锁骨生长在前肢带和肩胛骨之间,以至于换一个角度就会看不见它的锁骨。这可能就是"浅隐龙"名字的来源。

🥚 长脖子钓鱼

　　长达两米的脖子是浅隐龙的一个重要的伪装点。浅隐龙可以在不惊动鱼群的情况下,悄悄地探出自己的"武器",捕食到美味的食物。

🥚 骇人的细牙

　　近百颗密密麻麻的长牙齿,是浅隐龙最主要的特征。这些向外伸出的牙齿,在浅隐龙合拢上下颌时,就交错地暴露在嘴巴外,使浅隐龙的嘴部看起来十分可怕。

•拉丁文学名	Cryptoclidus
•学名含义	隐藏的锁骨
•中文名称	浅隐龙
•类	蛇颈龙类
•食性	肉食性
•体重	8000千克
•体形特征	头部平坦
•生存时期	侏罗纪中期
•生活区域	法国、英格兰、俄罗斯

笨重的外表

浅隐龙的外形看起来好似海豹，略显笨重。但是在水中时，它可以依靠鳍状肢快速游动去寻找猎物。

滑齿龙

[大洋之王]

在史前海洋中，体形决定领地，凶猛关乎生存，所以在那里，法则决定于强者。侏罗纪中期，海洋中的霸主属于一种凶猛的巨大野兽，这种掠食动物以满口大牙、灵敏的嗅觉，每时每刻都向海洋中的生物们展现什么叫作"弱肉强食"的自然法则，它就是滑齿龙。

📼 节目遭疑

1999年，在BBC播出的《与恐龙共舞》节目中，滑齿龙攻击并吃掉了一只陆地居住的美扭椎龙，如此设定令观众们产生怀疑。但这些细节也侧面表明了作为海洋之王的滑齿龙，同样也可以跳出水面，击杀陆地上的猎物。

■ 拉丁文学名	Liopleurodon
■ 学名含义	平滑的侧边牙齿
■ 中文名称	滑齿龙
■ 类	上龙类
■ 食性	肉食性
■ 体重	不详
■ 体形特征	四个强壮鳍状肢
■ 生存时期	侏罗纪中期
■ 生活区域	德国、法国、英国、俄罗斯

10米

1.8米

隐身杀机

伪装机制是每个动物成功捕杀猎物的关键。滑齿龙头部的上部为深色，下部为浅色，这样的伪装颜色可以迷惑猎物，从而使猎物自投罗网。

灵敏的嗅觉

滑齿龙拥有一对鼻腔，这样的优质导航可以轻易地获取猎物的化学特征。通过单鼻孔受到的强烈刺激，滑齿龙便可以对猎物进行准确追踪。

游泳健将

作为上龙类，滑齿龙以自身四个强壮的鳍状肢自由穿梭于海洋。虽然这样的推进方式不是最有效率的，但是结实的肌肉却能产生惊人的加速度，在埋伏战中可以轻易地大获全胜。

191

树息龙

[光阴倚树话栖息]

有一种恐龙在树上待了一辈子，长有离谱的第三趾，它就是树息龙。树息龙生活在侏罗纪中期，纤细的毛发衍生物使得它看起来十分可爱。它长年生活在树上，经研究发现，它的一些树栖特征比原始的始祖鸟还要进步。

🥚 抓握功能

树息龙的腕部有一块半月形的骨头，这个小骨头使得它们无法拍翅飞翔，但有助于它们跳跃的机动性。

以此类推

目前我们仍然无法得知树息龙的繁衍习性。不过，2005年古生物学家在泰国发现了数颗直径可能还不到1厘米的恐龙蛋，从骨骼与蛋皮结构来看，意味着这些恐龙体形最大也超不过现生麻雀！很可能是树息龙这样体形的小恐龙所产下的蛋。

 攀爬功能

奇长的第三趾与善于爬行的一些动物十分相似，如指猴。指猴是典型的树栖动物，在野外它们大部分时间是在树上度过的。相关研究者也判定，树息龙的攀爬能力要高于刚出生的南美洲麝雉。

■ 拉丁文学名	Epidendrosaurus
■ 学名含义	栖息在树上的蜥蜴
■ 中文名称	树息龙
■ 类	兽脚类
■ 食性	肉食性
■ 体重	不详
■ 体形特征	特别长的第三趾
■ 生存时期	侏罗纪中期
■ 生活区域	中国内蒙古自治区

0.3米　　　1.8米

 前后不一的小牙

树息龙的颌部内圆且宽的牙齿可以吞食昆虫和一些小动物，其牙齿下颌有至少12颗牙齿，前部的牙齿较大，后部的牙齿较小，前面的大牙可以瞬间杀死猎物。

高耸的"帽子"

单脊龙的头上长着高耸的脊冠,这种脊冠不仅坚硬而且可能被当做战斗的武器。

利牙魔咒

如大多数的食肉龙一样,弯曲的匕首状牙齿,周边伴以锯齿,能够迅速地将牙齿刺进猎物的身体,使其快速致死。

单脊龙 [独特的单冠]

在侏罗纪中期的新疆地区生活着一种奇特的恐龙,它头上有着单一的脊冠,那就是有趣的单脊龙。最初,单脊龙被归于巨齿龙类,而后又被归于异特龙类或原始的坚尾龙类,但最近的研究似乎又将其归回到巨齿龙类。随着研究的进步,恐龙的分类就是这么经常变化。

▪拉丁文学名	Monolophosaurus
▪学名含义	有单冠的蜥蜴
▪中文名称	单脊龙
▪类	兽脚类
▪食性	肉食性
▪体重	450千克
▪体形特征	头顶上有高耸脊冠
▪生存时期	侏罗纪中期
▪生活区域	中国新疆维吾尔自治区

5.5米

1.8米

四肢力量

单脊龙短小的前肢有着锋利的爪子,而对于较长的后肢来说,强壮的肌肉可以使单脊龙能够快速地奔跑以捕杀猎物。

气龙

[一方霸主]

>>>>>>>>>>>>>>>>>>>>>>>>>>>>>>>>>

在侏罗纪中期的四川省大山铺镇，生活着一种活跃、敏捷的掠食者——气龙。它们在捕食的时候能够一跃而起，张开血盆大口，趁猎物放松警惕时攻其不备。丛林中经常会上演这种血腥的捕食剧目，气龙因此成为大山铺恐龙动物群中的一方霸主，更是植食性恐龙最凶猛的天敌。

有趣的命名

恐龙的命名方式可谓是千奇百怪,而对于"气龙"这个名字来说,就是为了纪念在1985年发现它的天然气公司而命名的。

■ 拉丁文学名	Gasosaurus
■ 学名含义	天然气蜥蜴
■ 中文名称	气龙
■ 类	兽脚类
■ 食性	肉食性
■ 体重	700千克
■ 体形特征	匕首状牙齿
■ 生存时期	侏罗纪中期
■ 生活区域	中国四川省

 3.5米

 1.8米

利爪锋芒

气龙短小的前肢虽然并不能支撑强壮的身躯,但是长有利爪的前肢能够在捕抓小型动物的时候起到重要作用。

暴力撕咬

气龙具有独特的匕首状的侧偏牙齿,前缘生有小锯齿。这样的牙齿构造使它们能够轻而易举地撕裂生肉。

灵活穿梭

气龙的趾端长有尖锐的利爪,加之强有力的后腿,使之能够自由地漫步在大地之上,快速地行进、奔跑。

🥚 天生大龅牙

耀龙短而高的头骨，只有颌部前段长着向前倾斜的牙齿，在兽脚类恐龙中只有恶龙长着同样的牙齿。这种牙齿可以协助耀龙捕食昆虫及鱼类。

耀龙

[招摇的炫耀]

>>

2006年，内蒙古宁城县的道虎沟发现了小型手盗龙类的恐龙化石——胡氏耀龙。其种名是以于2008年4月逝世的中国古哺乳动物学家胡耀明为名。耀龙生活在1.64亿年前的侏罗纪中期，其化石中保存了精美羽毛的痕迹，但它的羽毛只起装饰作用，是迄今发现的最早的纯装饰用的羽毛。

▪ 拉丁文学名	Epidexipteryx
▪ 学名含义	炫耀的羽毛
▪ 中文名称	耀龙
▪ 类	兽脚类
▪ 食性	肉食性
▪ 体重	0.22千克
▪ 体形特征	尾巴有四根带状尾羽
▪ 生存时期	侏罗纪中期
▪ 生活区域	中国内蒙古自治区

 大眼看侏罗

　　如鸽子大小的耀龙，长着一双大眼睛，这样的大眼睛在成年恐龙中并不常见。卓越的视力使耀龙能够快速地发现飞虫等猎物。

0.3米　　1.8米

 炫耀功能

　　耀龙和鸟翼类是近亲，虽全身覆盖羽毛，但因缺乏飞羽而无法飞翔。不过尾部的带状尾羽上面有着鲜艳的颜色，在求偶时进行炫耀。

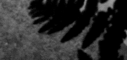 **羽毛的演化**

　　对于羽毛的起源，固有观念认为只有一些原始鸟类才具备羽毛，如在白垩纪时期类似孔子鸟的身上。当这个侏罗纪动物身上也长有羽毛的耀龙被发现以后，使得羽毛的演化史要比从前更为复杂。

美扭椎龙

[出师未捷身先死]

美扭椎龙的化石发现于英格兰牛津市北部的一个砖窑中,曾一度被遗失,后于1841年首次被记录描述。它的化石非常稀少,目前只在海底的沉积层中发现一具,它是如何来到海里的呢?经研究,相关学者推测美扭椎龙的尸体是从河流处顺水漂向大海的。令人伤心的是,它死前还尚未成年。

切肉的"餐刀"

美扭椎龙嘴中像"餐刀"一样的牙齿是捕捉猎物的利器,强有力的上下颌中长着粗壮、略带弯曲的牙齿。

身体"稳定器"

暴龙短小的前肢是一个十足的摆设,美扭椎龙长着比暴龙还要长的三根带有锋利指甲的手指,强壮的后肢可以协助美扭椎龙在直立状态下进行有效地捕杀。

2005年，一些古生物学家们研究了足羽龙的羽毛，推测它们可能只是些装饰物，或是退化了的羽毛。研究者认为在恐爪龙类恐龙与鸟类的身上可能生有后翼，只是后来的鸟类失去了这些后翼。足羽龙身上的羽毛则代表后翼的滑翔功能逐渐消失和仅剩展示作用的"分水岭"。

腿部有玄机

足羽龙的脚部虽然与恐爪龙类的相类似，但构造却更为原始，第二趾并没有其他恐爪龙类那样特化的大爪。

足羽龙

[古老的龙鸟]

在2005年的2月，古生物学家们又在中国的热河道虎沟生物群发现了类似小盗龙的新种恐龙。研究者将它命名为足羽龙，模式种则是"道虎沟足羽龙"。虽然这具标本只保存了较为完整的脚部——自胫骨至脚趾都覆盖有清晰可见的羽毛，但它的出现大大支持了飞行起源的"树栖起源说"，为此学说又添一力证。相信由此恐龙带来的后续研究必将会为我们带来更多的秘密与惊喜！

盐都龙 ［千年盐都的精灵］

作为"千年盐都"的自贡，在1973年出土了一具恐龙化石。这种小型的鸟脚类恐龙生活在侏罗纪中期，常常以群居的形式在湖岸平原栖息。盐都龙的体形较小，经常会受到大型恐龙的侵扰，所以盐都龙会以自己的奔跑优势逃避天敌。故也有人称盐都龙为恐龙家族中的"羚羊"。

双目的延展

古生物学家根据颧骨弯曲的程度，复原出盐都龙大而圆的眼睛。研究显示，盐都龙拥有敏锐的视觉，使其能够在捕猎者横行的远古时代拥有开阔的视野，以保证自身的安全。

■ 拉丁文学名	Yandusaurus
■ 学名含义	来自盐都的蜥蜴
■ 中文名称	盐都龙
■ 类	鸟脚类
■ 食性	杂食性
■ 体重	不详
■ 体形特征	脑袋小,眼睛大而圆
■ 生存时期	侏罗纪中期
■ 生活区域	中国四川省

盐都的由来

"千年盐都"四川自贡自古以来就是采盐重地。19世纪70年代,自贡有盐井707口、烧盐锅5590口,年产食盐近20万吨,使自贡井盐业步入鼎盛时期。

渐变的尾巴

盐都龙的尾巴长度约有整个身长的一半,颜色从臀部延伸到尾尖逐渐变浅,上面附有巧克力色的条纹。当然,这只是艺术家的想象而已。

1.3米

1.8米

奔跑吧

动物的胫骨与股骨的长度比可以测算出动物的奔跑速度。研究表明,速度快的动物往往都是胫骨较长。而对于盐都龙来说,其胫骨与股骨的比值高达1.18,这样长的胫骨非常有利于奔跑。

龙王龙

[丑陋的骑士]

有一种面目极其狰狞的恐龙生活在大约6600万年前的白垩纪晚期,那张脸可以说是恐龙界中最丑的了,这种恐龙就是龙王龙。龙王龙是肿头龙类恐龙,植物是它的主食。龙王龙的种名为霍格沃茨,出自J.K.罗琳所著《哈利·波特》中的霍格沃茨魔法学校。

🥚 狼牙棒

龙王龙的脑袋上布满各种小钉角和肿块,还有大量排列不规则的骨板,有小角、尖刺和结节等"高端配置"。于是,龙王龙的整个脑袋就变成了一个厉害的"狼牙棒",攻守皆可。

🥚 满背突起

在艺术家笔下,龙王龙的皮肤表面长满了像肉瘤一样的突起,虽然不是很密集,但是让人看了还是感到不寒而栗。

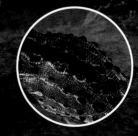

■ 拉丁文学名	Dracorex
■ 学名含义	霍格沃茨的龙王
■ 中文名称	龙王龙
■ 类	肿头龙类
■ 食性	植食性
■ 体重	约400千克
■ 体形特征	头背上铺满小钉角及肿块
■ 生存时期	白垩纪晚期
■ 生活区域	美国南达科他州

 立体视觉

龙王龙的圆形眼窝朝前，使它拥有良好的视力，可能具有立体视觉。这是一个非常有优势的进化，因为在强者遍布的白垩纪晚期，这种立体视觉可助龙王龙提前发现危险。

 "头"的对决

有学者推测，在交配季节，龙王龙们会用脑袋上的"狼牙棒"互相顶撞以争夺配偶。此外，雌性龙王龙会更青睐头角大的雄性龙王龙，就如同雄鹿的大角对于异性更有吸引力。

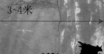

3~4米

1.8米

205

立体视觉

肿头龙的脑袋很短，一对大大的圆眼窝朝前，可见它的视力很好，可能拥有立体视觉。要知道，在强敌四处埋伏的时代，敏锐的视觉会帮助它提前感知危险以避免丧命。

肿头龙

[无敌铁头功]

▶▶

当地球进入了白垩纪晚期，恐龙家族也走下神坛，逐渐衰退。可是就在它们最终消失之际，又出现了众多相貌奇特的新属种，肿头龙就是其中之一，它们的出现令恐龙家族爆发了灭绝前的最后光芒。肿头龙是肿头龙族群中的明星成员，它丑陋的厚重颅顶是对抗敌人的武器，曾一度成为恐龙界的饭后谈资。

无与伦比的"厚头骨"

　　虽然肿头龙体形不大,但脑壳儿可是非常肿厚的。在颅骨后还有一个厚达25厘米的奇特骨质棚,好似一个保龄球。此外,肿头龙头骨上的孔洞也闭合了,使头部看上去就好像一柄坚固的锤子。

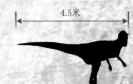

▪ 拉丁文学名	Pachycephalosaurus
▪ 学名含义	脑袋很厚的蜥蜴
▪ 中文名称	肿头龙
▪ 类	肿头龙类
▪ 食性	植食性
▪ 体重	约450千克
▪ 体形特征	厚颅顶
▪ 生存时期	白垩纪晚期
▪ 生活区域	美国蒙大拿州

4.5米

1.8米

撞头的攻击模式

　　与同类发生矛盾时,肿头龙们会并排相站或面对面相对,然后用头上的装饰物互相恐吓。若效果不好的话,肿头龙们就会进行侧面撞击了。首先弯下脑袋,然后侧面撞击另一只肿头龙。

空腔的功效

　　肿头龙的脑内有一个空腔,用来放置嗅叶。嗅叶是专门处理嗅觉信息的脑部组织,而空腔就可以使肿头龙的嗅觉更敏锐,而出色的预警能力足以令肿头龙及时逃离危机。

包头龙

［携流星锤的勇士］

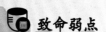

在白垩纪晚期，一群新的甲龙类"战士"涌现出来，并迅速划出自己的领地，它们就是包头龙。因满身的坚硬甲片和无敌的骨棘令其防御能力大幅提升，让它在面对掠食者时可以更加从容。包头龙还是一项纪录的保持者，即"最完整的甲龙化石"。

致命弱点

包头龙看似无懈可击，其实还是有弱点的，即它的腹部没有装甲配备，就如同现生动物箭猪一样，腹部是它的致命弱点。所以猎食者想要吃掉它必须从柔软的腹部着手。

大侠的"流星锤"

包头龙其实是一位深藏不露的大侠，武器则是呈双蛋形的、酷似"流星锤"的尾锤。它的尾巴上生有骨化肌腱，尾锤同尾端的尾椎紧密结合，可以灵活摆动。

全副包裹的鳞甲

包头龙不像它的名字那样只包装了头部装甲，而是全身覆盖着鳞甲，甚至包括眼睑，脑袋上是呈不规则形状的鳞甲。每一片鳞甲都是由嵌入皮肤的椭圆形甲板构成的，使包头龙坚不可摧。

拉丁文学名	Euoplocephalus
学名含义	完全装甲的头
中文名称	包头龙
类	甲龙类
食性	植食性
体重	约2500千克
体形特征	尾端有尾锤
生存时期	白垩纪晚期
生活区域	美国、加拿大

5.5米

1.8米

颠覆想象的进食方式

你能想到包头龙的进食方式吗？那是一种非常复杂的颌部运动，是凭借上、下排牙齿互相牵拉摩擦形成的。整个运动过程所表现的是一种缩进活动。

挑食的素食专家

埃德蒙顿甲龙可以说是一种挑剔的恐龙，大多数情况下它只吃一些汁液多的植物。吃东西的时候，它会用嘴把嫩嫩的树叶叼下，然后用长在大嘴深处的颊齿把植物嚼烂。可是到了旱季，它爱吃的食物都枯死了，所以只能去啃食树皮和坚硬的灌木。

尖锐的刺

埃德蒙顿甲龙的肩膀长有四条长刺，而在一些标本中，有的长刺会再分叉长出小刺。但是不论大刺还是小刺都非常尖锐，使其功能强大。当埃德蒙顿甲龙在夜间趴下休息时，这些保护刺会使它有更全面、更安全的防护。

埃德蒙顿甲龙 [全面武装]

>>>>>>>>>>>>>>>>>>>>>>>>>>>>>>

在白垩纪晚期，角龙类恐龙以其庞大的种群数量和巨角之威称霸陆地。但还有一批不容小觑的甲龙类恐龙落户此时，埃德蒙顿甲龙就是其中的一员。埃德蒙顿甲龙生活在约7650万年至6600万年前，身披厚重的装甲和尖锐的骨质棘。在面对劲敌袭击时，它们会用自身堪称完美的坚固的攻防装备击退掠食者。所以千万不要"以貌取龙"，就是这种奇怪的身体构造和超强的防御能力令埃德蒙顿甲龙成为最著名的甲龙明星。

全身防护

你可以看到，埃德蒙顿甲龙披了一身厚厚的钉状和块状甲板，脑袋上还长有一些似拼图一样紧密拼在一起的骨板，以保护它那三角形的脑袋。此外，它还有装甲覆盖在脖子和身体两侧。似乎埃德蒙顿甲龙的身上没有一处可让敌人下手的地方！

■ 拉丁文学名	Edmontonia
■ 学名含义	埃德蒙顿的披甲蜥蜴
■ 中文名称	埃德蒙顿甲龙
■ 类	甲龙类
■ 食性	植食性
■ 体重	约3000千克
■ 体形特征	背部及头部有骨质甲板
■ 生存时期	白垩纪晚期
■ 生活区域	美国、加拿大

6米

1.8米

小小的牙齿

埃德蒙顿甲龙的牙齿是比较原始的。从正面看，它的颊齿牙冠似叶，中间有脊状突起。另外，因为有牙釉质的保护，所以可以减弱牙齿由咀嚼食物所产生的磨损。

纤角龙

[精致纤细的面孔]

　　白垩纪晚期，丛林遍布，各种鲜艳的花朵也已经繁盛起来，不仅为植食性动物提供了种类丰富的食物，也令地球越发的鲜活起来。这时的角龙族群可以说已经庞大无比了，其中的纤角龙就活跃于北美洲西部。与近亲三角龙和牛角龙不同的是，纤角龙体形较小，头上的颈饰也不具有很强的侵略性。

 背上是什么

　　纤角龙从后背的一半到尾巴中间长有一排倒长的粗毛，臀部上方的刺状物最高，整体好似一个等腰三角形。这排鬃毛状结构可能只起到展示物的作用。

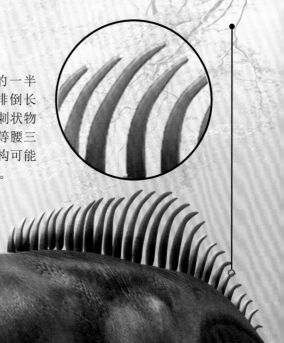

■ 拉丁文学名	Leptoceratops
■ 学名含义	有纤细角的脸
■ 中文名称	纤角龙
■ 类	角龙类
■ 食性	植食性
■ 体重	约100千克
■ 体形特征	脸两侧有角
■ 生存时期	白垩纪晚期
■ 生活区域	美国怀俄明州

第三"支柱"

纤角龙的尾巴上虽然没什么特殊工具,但胜在又粗又长,可在遇敌时猛力抽打敌人。此外,古生物学家还发现纤角龙的尾巴是它的"第三条腿",可靠它蹲坐时的来维持平衡!

2米　　1.8米

美餐

纤角龙与其他角龙类恐龙一样,嘴呈喙状。它们能用锐利的喙状嘴来咬下树叶或针叶。开花植物、蕨类植物、苏铁及松柏目植物都是它们的"囊中之物"。

腥风血雨

　　化石证据显示暴龙类会以三角龙为食物,一件三角龙化石额头和鳞骨上都发现了暴龙的齿痕。古生物学家彼得·道森还推断,当暴龙攻击三角龙时,后者抬高前部躯体,用头上的角来反抗暴龙的攻击。

近千颗牙齿

　　三角龙的嘴内密布432~800颗坚硬的牙齿,牙齿上覆有珐琅质。当一些旧齿磨损到一定程度时,就会有新牙取代它。这种新旧交替的过程同鸭嘴龙类相似。

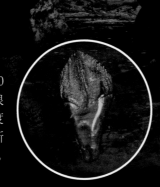

 完美的"矛与盾"

三角龙的脑袋上共伸出三个尖角,一个是较短的鼻角,另两个则是较长的眉角(成年三角龙的眉角足有1米长),是它的绝佳武器。

■拉丁文学名	Triceratops
■学名含义	有三只角的脸
■中文名称	三角龙
■类	角龙类
■食性	植食性
■体重	9000千克
■体形特征	非常大的颈盾及三根大角
■生存时期	白垩纪晚期
■生活区域	北美洲

8米

1.8米

 囫囵吞枣

三角龙的角质喙已经演化得与现生鹦鹉非常相似了。它们会利用这个特别的嘴在闭合的瞬间切断食物,然后直接吞咽。

三角龙

[终极角斗士]

三角龙可以说是恐龙界的超级明星,它无人不识、无人不晓,生活在约6800万年到6600万年前的白垩纪晚期。然而,随着大自然的环境不断变化,恐龙的生存环境也日渐严峻,但角龙群却由于拥有超强的适应力最终存活下来,在冰冷无情的恐龙世界里上演着自己编写的生存剧本。三角龙是恐龙永远消失在地球前的最后部落,亲眼见证了族群的覆亡。

残酷的"角斗"

　　有了颈盾,雄性牛角龙才能自豪地在交配季节向异性炫耀自己。为了争夺"女朋友"雄牛角龙们会叉开双腿,将角与角相抵在一起,进行胜负的抉择。当然,战败的雄牛角龙只能另寻它"龙"了。

超强力量的足

　　牛角龙是用四肢行走的动物。由于体形庞大、身躯沉重,所以牛角龙真的像牛一样行动缓慢。但千万不要小瞧它,它的四肢可是异常有力的!

▪ 拉丁文学名	Torosaurus
▪ 学名含义	有孔的蜥蜴
▪ 中文名称	牛角龙
▪ 类	角龙类
▪ 食性	植食性
▪ 体重	4000~6000千克
▪ 体形特征	脑袋占全长的一半
▪ 生存时期	白垩纪晚期
▪ 生活区域	美国

 巨大的头盾

　　牛角龙的头盾很长，在后方还生有至少五对的缘骨突。试想一下，当牛角龙低下脑袋时，那壮观异常的头盾就直直地竖起来，令牛角龙瞬间长"高"。

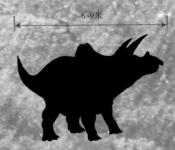

8~9米

1.8米

坚硬的嘴喙

　　随着时间的流逝，牛角龙的嘴巴已演化成侧面紧缩的嘴，能轻松地咬断嚼碎坚硬植物。

牛角龙

["牛魔王"的巨头]

　　1891年，古生物学家发现了牛角龙，但只有两件不完整的头骨化石。时至今日，已有很多牛角龙化石在美国各地出土，包括怀俄明州、蒙大拿州和犹他州等地。在发现的头骨化石中，最长的足有2.4米，于是这块头骨成为了有史以来陆地动物中的最大头骨。

野牛龙

[疯狂的巨头]

当今的美国蒙大拿州在白垩纪时期，平原、沙漠和湖泊等多种生态环境交错纵横，野牛龙就在这样的环境中生活着。它的身高不高，鼻角大幅向前伸展，行动也像犀牛一样缓慢。目前古生物学家已发现至少15头年龄不同的野牛龙化石，都保存在蒙大拿州的落基山博物馆内。

弯曲的鼻角

野牛龙的最大特征就是鼻孔上的鼻角，像一个开瓶器，前部尖锐，整个儿向下弯。试想一下，野牛龙用这个鼻角刺穿其他恐龙的肚皮，也许不会使对方直接毙命，但会令对手在一段时间内丧失活动能力，等待死亡的降临。

种系争议

由于野牛龙的头骨化石有多个过渡特点，所以学者一直对野牛龙在尖角龙类的种系位置存有争议。大部分学者认为它与尖角龙和戟龙是近亲，但后来也有人推测野牛龙属于厚鼻龙在演化进程中的最早期物种。

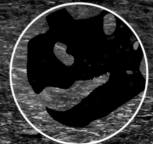

酷似鹦鹉的嘴

喙骨和前齿骨组成了野牛龙的喙状嘴，骨质结构表面或包裹着角质。锋利的喙状嘴使野牛龙能够轻而易举地咬断坚硬的植被。

硕大的颈盾

野牛龙的脑顶上长有一对硕大颈盾缘骨突，主要作用是附着一组肌肉，从头后一直连接到下颌。这组肌肉就是颞肌，会带动下颌进行咬噬和咀嚼运动，使野牛龙具有超强的咀嚼能力。

·野牛龙

■ 拉丁文学名	Einiosaurus
■ 学名含义	野牛蜥蜴
■ 中文名称	野牛龙
■ 类	角龙类
■ 食性	植食性
■ 体重	1300千克
■ 体形特征	大幅向前弯的鼻角
■ 生存时期	白垩纪晚期
■ 生活区域	美国蒙大拿州

4.5米

1.8米

原角龙　[沙漠的盾牌王者]

尽管蒙古高原的高温能把人烤熟，但仍抵不过考察队探寻恐龙的极度热情，一批批完整的原角龙骨骼化石被展现在人类面前，让人类更加充分地了解这些最古老的角龙类族群。原角龙生活在东亚地区，短短的四肢和胖胖的身体，令它看起来笨拙得可爱。它比后辈们朴素单纯得多，没有张牙舞爪的角，仅仅有个颈盾，可区分于其他恐龙。

搏斗中的恐龙

20世纪70年代初，有学者在蒙古国发现了一块罕见的化石，显示一只伶盗龙正捕杀一只原角龙。多数研究者认为这两只恐龙是同时死亡的，也许因为沙尘暴，也许缘于沙丘坍塌。只是它们没想到会"重见天日"。

强有力的蹄爪

同大部分的陆地动物一样，原角龙用四足行走。它的四只大脚的趾端是蹄状爪，非常有力，不仅可以扎实走路，还可作为攻击敌人的武器，一脚就可以踏伤对方。

·原角龙

拉丁文学名	Protoceratops
学名含义	第一个有角的脸
中文名称	原角龙
类	角龙类
食性	植食性
体重	175千克
体形特征	没有角的角龙类
生存时期	白垩纪晚期
生活区域	俄罗斯、蒙古国

头部盾牌

原角龙从头骨后方延伸到脖子的宽大褶边叫颈盾。这面颈盾有两个孔洞，好似我们的窗户，不仅可以减轻头部重量，还能保护脆弱的脖子免受攻击。

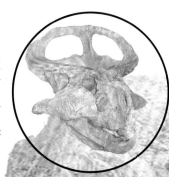

2.5米

1.8米

 长着"鹦鹉嘴"

原角龙窄窄的嘴好似鹦鹉嘴。嘴前无牙，但两侧有牙，用以咀嚼柔嫩的枝叶和多汁的根部。

戟龙

[锋利的战戟]

戟龙是一种大型角龙类恐龙,生活在约7550万年到7500万年前的白垩纪晚期,北美洲的大平原是它们的栖息家园。想要区分戟龙与其他角龙类,特大的鼻角可谓是最好的识别器,它们像古代背着"战戟"出征的战士,但它们可不会像那些将士们远离他乡,而是一直待在温暖的家里。在遇敌时,它们会围成一圈,自觉地保护弱小同类。

向外撇的脚

戟龙的体长可是超过两辆轿车的长度的!所以强壮的四肢是平稳走路的必备品。向外撇的脚趾则令它更好地掌握角度、平衡身体和支撑体重。

尖锐的鼻角

一个60厘米长、15厘米宽的大鼻角长在戟龙的鼻骨上。在攻击时，大鼻角刺进天敌体内可谓是轻而易举，并在那只恐龙身上留下圆洞状伤口，最终使其大量失血而亡。

▪ 拉丁文学名	Styracosaurus
▪ 学名含义	有尖刺的蜥蜴
▪ 中文名称	戟龙
▪ 类	角龙类
▪ 食性	植食性
▪ 体重	1800千克
▪ 体形特征	鼻部有高大的角
▪ 生存时期	白垩纪晚期
▪ 生活区域	加拿大阿尔伯塔省

"利剑盾牌"

颈盾边缘是六个尖锐厚重的尖刺。这面带刺盾牌可攻可守，完美地将头部保护起来。只要把脑袋用力迅速抬起，戟龙"盾牌"上的"利剑"就会狠厉地刺入敌人的胸腔之中。

5.1米

1.8米

力量的角逐

从外表上看，戟龙拥有很多的攻击武器，但是若与同类打斗，它们会避开身上的尖刺，仅仅会用壮实的肩膀进行打斗。这种"切磋"流行于大多数恐龙甚至现代动物之间，包括划分领地或争夺配偶等目的，纯粹是一场力量的竞争。

濒海栖息

来自华丽角龙的骨骼分析令学者们大吃一惊，因为这一物种在北美洲从未被发现过。华丽角龙非常喜欢水，主要生活在美国犹他州的沿海地区。

华丽的角

头部两侧伸出下弯的额角尖锐修长；与其他角龙类不同的是它双眼间的前额突出一个拱形隆起，鼻角鞘似刀片一样扁平，让人不敢靠近。可想而知，这些角是自卫和战斗时使用的。

拉丁文学名	Kosmoceratops
学名含义	装饰有角的脸
中文名称	华丽角龙
类	角龙类
食性	植食性
体重	2500千克
体形特征	头颅骨上有多个角状结构
生存时期	白垩纪晚期
生活区域	美国犹他州

 短小"盾牌"

华丽角龙的颈盾很有特色，方形颈盾的长为宽的两倍并向后上方倾斜，末端伸出数个向前弯曲的角。此外，在头盾边缘还有10个小的颈盾缘骨突，以在战斗和求偶时使用。

5米

1.8米

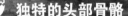
独特的头部骨骼

华丽角龙的头骨很独特：头部前半部分平坦，鼻角短小；额角是低隆起；口鼻部宽广。

华丽角龙

[繁复的贵妇人]

>>

在白垩纪的晚期，北美洲被西部内陆海分成了两块大陆，并且出现了一次意义非凡的演化辐射。华丽角龙在西部内陆海道的南部，此后其分支向北迁徙，在北部形成了迷乱角龙。华丽角龙与其他恐龙最主要的区别就是它特别"爱美"，它的脑袋上布满了四处延伸的装饰物，有将近15个角或似角组织。

原来是"独角龙"

开始人们只发现开角龙的颈盾,于是加拿大古生物学家劳伦斯·赖博就将它归到独角龙类,叫贝氏独角龙。但在1913年,美国古生物学家查尔斯·斯腾伯格又找到了几块头颅骨,建立了开角龙属,开角龙最终开创了自己的天地。

 发达的骨突

开角龙的颈盾边缘有许多小的骨突,这些是它们分类的依据,而在古时候,这些小骨突则有协助防御或炫耀的作用。

开角龙 [移动的堡垒]

>>>>>>>>>>>>>>>>>>>>>>>>>>>>>>>>>>>>>>

在白垩纪晚期,北美洲被一个浅海分隔两地,开角龙就生活在这里。与三角龙一样,开角龙的"老祖宗"可能也是白垩纪早期的祖尼角龙。相关研究者推测,开角龙在演化的过程中具有强防御力的厚重颈盾而变得中空,这使它们拥有相对较轻的身体,它们的奔跑速度被认为比任何一只三角龙都快。

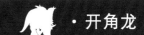

 "虚有其表"的头盾

　　开角龙华丽夸张的颈盾比三角龙的还大，但其实是空心的，因而学者推测其坚硬度不够，不易承受强大的冲击。但是这个中空板可减轻开角龙脖子的负担。

▪ 拉丁文学名	Chasmosaurus
▪ 学名含义	空隙蜥蜴
▪ 中文名称	开角龙
▪ 类	角龙类
▪ 食性	植食性
▪ 体重	1500~2000千克
▪ 体形特征	巨大的颈盾
▪ 生存时期	白垩纪晚期
▪ 生活区域	加拿大阿尔伯塔省

4.3~4.8米

1.8米

 **持续进食**

　　据相关学者推测，开角龙的生活习惯可能同牛一样，会用一整天的时间吃东西。只有这样才能获得足够的能量来满足它的需求。

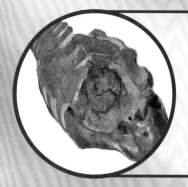

化石化的心脏

2000年，奇异龙可谓是风头占尽，因为一件于美国南达科他州出土的标本被认为拥有化石化的心脏。但是这标本是否拥有心脏目前还在争论中，许多学者也开始质疑此标本的原始鉴定。

 神秘的身体覆盖物

奇异龙身体覆盖的是鳞片还是其他物质，目前还不明确。有学者认为它的外表面是由小鳞甲构成的装甲，但也有人认为这些物质是以不规则方式排列的表皮衍生物。

独特的后腿

奇异龙有独特的腿部构造，股骨长于胫骨，再加上较重的体形，它的行进速度可能比其他棱齿龙类恐龙还慢。

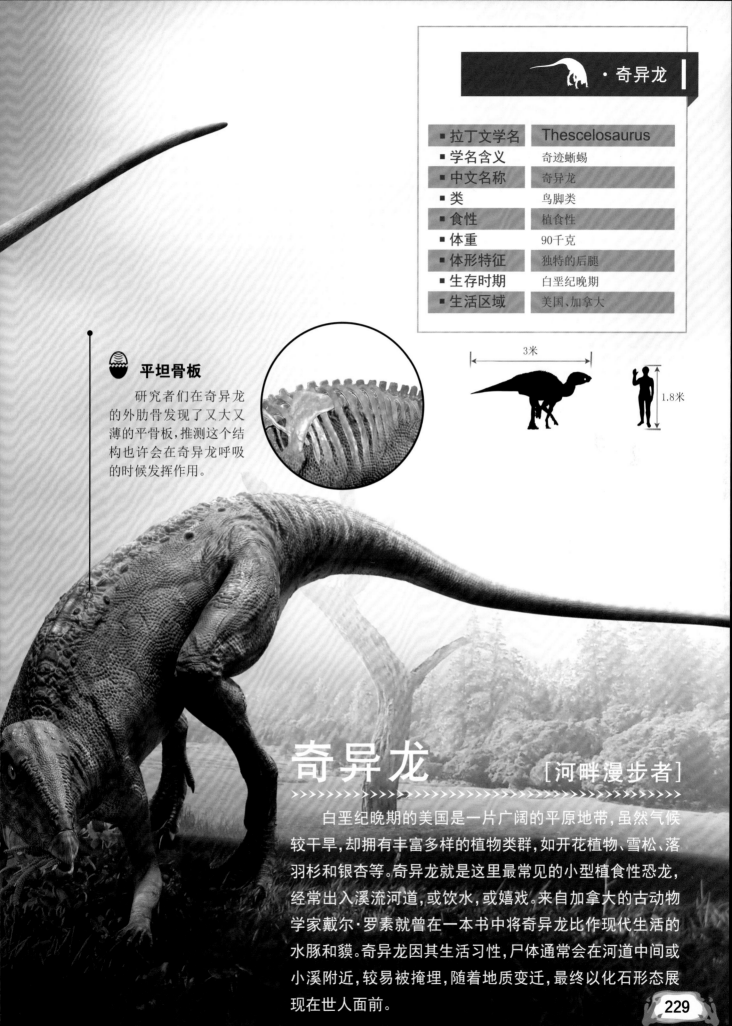

■ 拉丁文学名	Thescelosaurus
■ 学名含义	奇迹蜥蜴
■ 中文名称	奇异龙
■ 类	鸟脚类
■ 食性	植食性
■ 体重	90千克
■ 体形特征	独特的后腿
■ 生存时期	白垩纪晚期
■ 生活区域	美国、加拿大

3米

1.8米

平坦骨板

研究者们在奇异龙的外肋骨发现了又大又薄的平骨板,推测这个结构也许会在奇异龙呼吸的时候发挥作用。

奇异龙 [河畔漫步者]

>>

白垩纪晚期的美国是一片广阔的平原地带,虽然气候较干旱,却拥有丰富多样的植物类群,如开花植物、雪松、落羽杉和银杏等。奇异龙就是这里最常见的小型植食性恐龙,经常出入溪流河道,或饮水,或嬉戏。来自加拿大的古动物学家戴尔·罗素就曾在一本书中将奇异龙比作现代生活的水豚和貘。奇异龙因其生活习性,尸体通常会在河道中间或小溪附近,较易被掩埋,随着地质变迁,最终以化石形态展现在世人面前。

青岛龙

[群居的"独角兽"]

>>>>>>>>>>>>>>>>>>>>>>>>>>>>>>>>>>

1951年,中国古脊椎动物学奠基人、恐龙研究之父杨钟健和其他地质学者通力合作,成功挖掘出中国第一具最完整的恐龙化石,由于这副骨架的脑袋上长有棘鼻的装饰物,因而赋予其名字——棘鼻青岛龙。青岛龙不善于奔跑,也没有强力的自卫装备,因此只能靠群居的习性来增加安全性。

🥚 不协调的四肢

青岛龙前肢短于后肢,主要起支撑身体的作用。平时它们会慢悠悠地四肢着地走动,但一遇到危险,就会转变成两足奔跑,但速度却不快。

独特的"角"

　　要想将青岛龙同其他鸭嘴龙类恐龙相区分,脑袋上似长刺的头冠可是最关键的部位,令它看起来像传说中的独角兽。当然头冠可不仅仅只是个装饰物,还可能具有神经系统冷却功能和御敌能力。

■拉丁文学名	Tsintaosaurus
■学名含义	青岛蜥蜴
■中文名称	青岛龙
■类	鸟脚类
■食性	植食性
■体重	2500千克
■体形特征	长刺般的头冠
■生存时期	白垩纪晚期
■生活区域	中国青岛市

8.3米

1.8米

 **管棘位置的争论**

　　曾有一些研究学者指出,青岛龙的管棘其实是一个被放错位置的鼻骨结构,它的脑袋可能是丑陋的扁平形状。幸运的是,从后来的研究来看,青岛龙的确有一个长在脑袋上的脊冠,可以不用为自己的外貌担心了。

扇冠大天鹅龙 [高傲的化身]

在约7200万年至6600万年前的俄罗斯，生活着一群头冠好似短斧的鸭嘴龙类恐龙。它们用二足或四足行走，古生物学家将它们命名为扇冠大天鹅龙。扇冠大天鹅龙是首次在北美洲之外发现的赖氏龙类，于是有学者就做出了这样的猜想：赖氏龙类恐龙也许最开始就发源于北美洲，然后迁徙走过亚洲和北美洲的陆桥来到欧亚大陆，最终定居在那里。

扇冠"发声器"

可以看到，扇冠大天鹅龙有一个奇怪的头冠，好似一把扇子。这个扇冠将脖子与荐骨相连，里面却是空的，所以当气流穿过其中时可能会发出声响，可做"发声器"使用。

■ 拉丁文学名	Olorotitan
■ 学名含义	巨大的天鹅
■ 中文名称	扇冠大天鹅龙
■ 类	鸟脚类
■ 食性	植食性
■ 体重	3100千克
■ 体形特征	短斧状的冠饰
■ 生存时期	白垩纪晚期
■ 生活区域	俄罗斯

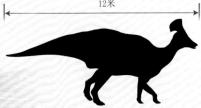

12米

1.8米

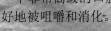

长长的颈部

扇冠大天鹅龙的长脖子内有18节颈椎，超过了其他鸭嘴龙科15节颈椎的纪录。因而它的脖子会比其他鸭嘴龙类更加灵活，高处植物对于它来说可以轻而易举地吃到。

高级口腔

扇冠大天鹅龙的口腔构造很复杂，不仅长有大量的可不断替换生长的牙齿，还能做出似咀嚼行为的碾碎动作。表明它拥有一个非常高级的口腔，食物会更好地被咀嚼和消化。

233

家族成员的不同特点

副栉龙的中空冠饰内有一个细长的管子,从鼻孔延伸到冠饰末端,再返回到脑后,直至头颅内部.其中叫作"沃克氏"的副栉龙的管子最为简单,而"小号手"副栉龙的管子最复杂,但两者的冠饰都较弯长.此外,有些副栉龙的管子不是中空的,还有些是交叉分开的.

灵活的腿关节

副栉龙奔跑时用后腿支撑全身,漫步或趴下时需要前肢的配合.副栉龙四肢的前后伸张程度很大,能够随意在两肢与四肢这两种运动模式之间相互切换.

自带"报警器"

副栉龙弯曲的头冠是中空的，其内是若干个被分层的骨腔，末端与口鼻部相连。骨腔中是空气，可以震荡发出声音。通过骨腔内积累的高压气体，副栉龙可以发出震耳的长鸣。

凹口的推测

在一件副栉龙的脊椎化石标本上，研究者发现一处可能是头冠碰到后背的地方。这是一个位于神经棘的凹口，学者推测这可能是该只副栉龙的病理结构。因为如果有条从头冠至脊椎凹口的韧带来支撑脑袋的话，这有点儿不实际。

■ 拉丁文学名	Parasaurolophus
■ 学名含义	几乎有冠饰的蜥蜴
■ 中文名称	副栉龙
■ 类	鸟脚类
■ 食性	植食性
■ 体重	2600千克
■ 体形特征	长长的头冠
■ 生存时期	白垩纪晚期
■ 生活区域	美国犹他州、新墨西哥州

9.5米

1.8米

副栉龙

[著名的"小号手"]

>>

白垩纪晚期的北美洲，气候温暖，河流纵横，植物繁盛，而鸟脚类的副栉龙就生活在这样一个生机盎然的地方。它们通常都是几百上千只聚在一起生活，虽然有丰富的蕨类植物可以享用，但也需时刻警惕肉食性恐龙的突然袭击。副栉龙有一个很有意思的特征，即它的头冠能够发出高、低的声调，如果发现危险，就会为同伴"报警"，进而减少族群的伤亡。副栉龙以这个奇特的头冠加入著名的植食性恐龙行列。

🛢 自豪的发现

　　2000年,业余的古生物学家奈特·墨菲发现了一件未成年短冠龙的骨骼化石,其关节是完全连接的,且部分木乃伊化,被叫作"莱昂纳多(Leonardo)"。它是最雄伟壮观的恐龙木乃伊发现之一,已被选进吉尼斯世界纪录。

🥚 奇异的背脊

　　短冠龙的背上布满了奇怪的突起,可能具有展示的作用,用来吸引异性。

豹纹之尾

短冠龙的尾巴粗壮，战斗能力非比寻常。周围还分布着类似豹纹的花纹，这些外表特征都来自科学家的研究与想象。

■ 拉丁文学名	Brachylophosaurus
■ 学名含义	短冠蜥蜴
■ 中文名称	短冠龙
■ 类	鸟脚类
■ 食性	植食性
■ 体重	7000千克
■ 体形特征	头骨上有平冠
■ 生存时期	白垩纪晚期
■ 生活区域	加拿大、美国蒙大拿州

 平顶骨冠

骨冠是识别短冠龙的特征，在脑袋上方形成一个平板。有些短冠龙的头冠大，而有的头冠长成短而狭窄的模样。一些研究者认为，这些头冠主要起推撞的作用，但它的硬度有些低。

11米

1.8米

短冠龙

［长有平板脊冠的怪兽］

>>>>>>>>>>>>>>>>>>>>>>>>>>>>

短冠龙是一种中型恐龙，属于鸭嘴龙类。目前已发现几组骨骼的化石，出土于美国蒙大拿州及加拿大。短冠龙逍遥自在地生活在白垩纪晚期，它有一张扁平的嘴，里面有数千颗牙齿组成的齿系，可以咬碎坚硬的植物，咀嚼能力强大。

慈母龙

[标准"好妈妈"]

>>

那是1978年的夏天，年轻的霍纳和好友马凯拉来到落基山的丘窦镇寻找化石。他们来到一家专门售卖当地矿产的商店，并从店主那儿拿到了几块化石，幸运地发现了北美洲的首块恐龙胚胎化石，它们是生活在约7670万年前的白垩纪恐龙——"好妈妈"慈母龙。在此之后，霍纳与马凯拉又进行了近10年的艰苦探寻，最终发现了数种恐龙的巢穴、恐龙蛋和嗷嗷待哺的幼龙化石，成功完成了恐龙是如何筑巢的及恐龙间的亲子行为等新领域的课题研究，成果令全球瞩目。

孵化幼仔

慈母龙喜爱群居生活,所以它们孵化宝宝的巢穴也紧密排列在一起,巢穴间的间隔大约有7米。每一个巢穴有呈圆形或螺旋形排列的30~40颗蛋。另外,慈母龙不会坐在巢穴中孵化宝宝,而是在其中放入腐烂的植被,利用植被腐烂过程产生的热量孵化幼崽。

▪ 拉丁文学名	Maiasaura
▪ 学名含义	好妈妈蜥蜴
▪ 中文名称	慈母龙
▪ 类	鸟脚类
▪ 食性	植食性
▪ 体重	2500千克
▪ 体形特征	平坦喙状嘴的鸭嘴龙类
▪ 生存时期	白垩纪晚期
▪ 生活区域	美国蒙大拿州

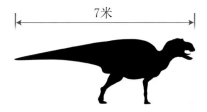

7米

1.8米

四足"使用权"

慈母龙没有特别的装备来抵御掠食者的侵袭。它的前肢比后肢短小,行走时会用四肢走路,但是遇到敌人时就会抬起前肢,用后肢逃跑,速度较快。

名不虚传

慈母龙每次可以产大约25颗蛋,而出生的25只小恐龙每天要吃掉大量的植物,可达几百斤。于是,慈母龙妈妈就需要每天不辞辛苦地寻找食物,真是无愧于"慈母龙"这个称号!

盔龙

[戴头盔的鸭嘴龙]

约7700万年到7570万年前的白垩纪晚期，在北美洲生活着一类大型恐龙——盔龙。盔龙长着像鸭子一样的脸，在头顶上有一个高高的盔状突起，并因此得名。盔龙性情温和，且没棘刺、利爪等防御装备，所以它们只能靠敏锐发达的视觉和听觉器官去预防捕食者的袭击。

沉海的化石

1912年，美国著名的古生物学家巴纳姆·布郎在加拿大的红鹿河附近发现了第一件盔龙化石标本；过了4年，即1916年，这件盔龙标本和其他恐龙化石被一同送往英国。但不幸的是，运送的船被一艘德国的武装商船击沉，那些辛苦得来的化石也就此沉进北大西洋的海底，不知何时才能重见天日。

脊冠的作用

盔龙的鼻腔一直伸延至头冠上，可能是用来发声的，既可以彼此沟通，也可以威吓捕食者。

华美的头冠

要想找到盔龙,那只脑袋上顶着"半只碟子"的就是了,这"半只碟子"是空心的骨质头冠。青年盔龙或雌性盔龙的头冠相较于成年雄性的头冠小,因为只有成年雄性盔龙的头冠才完全长成,并且在繁殖期需要变换颜色来追求异性。

·盔龙

■ 拉丁文学名	Corythosaurus
■ 学名含义	戴头盔的蜥蜴
■ 中文名称	盔龙
■ 类	鸟脚类
■ 食性	植食性
■ 体重	2500~2800千克
■ 体形特征	头顶上有半月形的冠
■ 生存时期	白垩纪晚期
■ 生活区域	加拿大阿尔伯塔省

7.7~8米

1.8米

善于游泳

古生物学家一度认为自己在盔龙的手掌及脚掌上发现了蹼,进而认定这是一种善于游泳的恐龙。不过,后来学者发现这些蹼状物,其实是肉质残留,而不是蹼。

鸭嘴龙

［史前"鸭嘴"怪］

>>>>>>>>>>>>>>>>>>>>>>>>>>>>>>>>>>>>

　　白垩纪晚期是恐龙消失前的繁盛时期,种类丰富,支系广布,其中就有一群"鸭嘴怪"栖居在美国新泽西州的海边。由于它们的嘴长得又扁又长,就像鸭子的嘴,所以叫它们"鸭嘴龙"。这类恐龙有极其庞大的种群数量,它们成百上千,甚至上万只集结成群,慢慢地在北美大陆上南北迁徙着。

 ·鸭嘴龙

▪拉丁文学名	Hadrosaurus
▪学名含义	健壮的蜥蜴
▪中文名称	鸭嘴龙
▪类	鸟脚类
▪食性	植食性
▪体重	3000千克
▪体形特征	鸭嘴状的嘴
▪生存时期	白垩纪晚期
▪生活区域	美国新泽西州、亚洲

错误的习性

最开始的时候,古生物学家认为鸭嘴龙生活在水里,但经过进一步的研究,现已推翻这一说法。鸭嘴龙只有在遇到攻击时,才会跳入水中脱身。

8米

1.8米

牙齿解剖

鸭嘴龙的单颗牙齿由牙本质和釉质构成,表面是非常规的菱形形状,但被一条线分割成稍对称的两部分。它的下颌齿裂舌面所暴露的釉质表面聚在一起,排成了似积盘的面。

 ### 趾部构造

鸭嘴龙的后足已进化成鸟脚状,有三趾。其实鸭嘴龙的后足曾经也是五趾,只不过第一趾只有一点残痕甚至已经消失,而第五趾已完全退化消失,所以它只剩下三趾了。

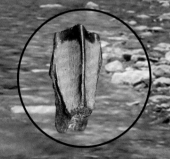

艰难的寻缘旅途

薄片龙想要找到自己的另一半可谓是困难重重，它需要长途跋涉到很远很远的地方寻找爱人和繁殖地，而这一路上一定会伴随着难以想象的危险，也许还未找到爱人，薄片龙就丢掉了性命。

长脖子的烦恼

一切事物都有两面性。长脖子在给薄片龙带来便利的同时，也令它一生都带着摆脱不掉的烦恼。沉重的脖子使薄片龙无法将头高举出海面，它也就无法看到外面精彩的世界了。

薄片龙 [终极版的蛇颈龙]

在生物界中，最经典的蛇颈龙形象就属薄片龙了，它堪称蛇颈龙家族的末代枭雄，亲眼见证了家族的极致发展与兴衰没落。薄片龙生活在白垩纪晚期，是长相十分古怪的海洋爬行动物。它们身上的鳍状肢共有四个，游泳时就像是愚笨的海龟一样慢腾腾的。因为它的长脖子减弱了它攻击和自卫的能力，并降低了它的反应速度，所以薄片龙在与同体形逊于自己的沧龙打斗时，反而成为了沧龙的猎物。

·薄片龙

▪ 拉丁文学名	Elasmosaurus
▪ 学名含义	薄板蜥蜴
▪ 中文名称	薄片龙
▪ 类	蛇颈龙类
▪ 食性	肉食性
▪ 体重	不详
▪ 体形特征	占身体长度一半的长脖子
▪ 生存时期	白垩纪晚期
▪ 生活区域	北美洲

12米

1.8米

 狡猾的攻击

薄片龙利用那条占身体长度一半长的奇特脖子，远远地对猎物进行偷袭而不必担心被其发现。薄片龙捕食时非常有耐心，它会悄悄地等待时机，然后闪电般地伸出脖子咬住猎物，一击致命。

 胃部宝物

薄片龙一生的时间都在水里度过，靠捕鱼为生。为了更好地吸收营养，它们常常会去搜寻些小型鹅卵石吞掉。不仅可以研磨无法消化的食物，还可以增加自身的重量，便于它畅游海底。

弑杀机器

沧龙在捕食时完全就是一台开动的"弑杀机器"。倒钩状的锐利牙齿能轻而易举地将猎物咬断,上颚处的内齿则将猎物随意拖拽。整个捕食过程毫不拖泥带水,残忍至极。

移动的"平衡器"

要知道,沧龙在海里拥有无敌的游泳速度,其后肢的四趾已演化成鳍状肢,在尾巴推动前进的同时,鳍状肢控制前进方向,可以像飞机的襟翼一样让沧龙迅速转弯,增强动作的灵活性。

▪ 拉丁文学名	Mosasaurus
▪ 学名含义	默兹河的蜥蜴
▪ 中文名称	沧龙
▪ 类	沧龙类
▪ 食性	肉食性
▪ 体重	33 000千克
▪ 体形特征	外形像有鳍肢的鳄鱼
▪ 生存时期	白垩纪晚期
▪ 生活区域	荷兰、意大利

18米

 "声呐"系统

　　沧龙的上颌侧面有一组神经，可以检测到猎物发出的压力波。沧龙就是利用这个压力波来狩猎的，就像虎鲸使用回声定位来捕食。这个"声呐"系统让沧龙拥有更大的机会捕捉到猎物。

1.8米

 敏锐听觉

　　在深海里，回声定位是沧龙捕猎的主要手段。为了生存，沧龙改变其生活在陆地上的祖先的耳朵构造，演化出扩大音量的听力系统，能够将声音增大到38倍，能准确获取目标方位。

沧龙

[雄踞海洋的恶霸]

>>

　　在约7000万年到6600万年前的白垩纪海洋中活跃着沧龙类群。它们演化自陆地上的蜥蜴，并在白垩纪中晚期快速繁衍生息，为了获得食物和领地它们残忍地把其他鱼龙类、蛇颈龙类"赶尽杀绝"。然而好运不会一直跟着它们，就在沧龙家族为其蓬勃发展沾沾自喜时，来自大自然的灾难降临了，沧龙自然无法逃脱被灭绝的厄运。

水中摆"舵"

球齿龙的四肢已经进化成桨状脚,鳍肢与其他沧龙类相同,都很小。当球齿龙游泳时,这个鳍肢具有舵的功能。

疯狂的食谱

经研究分析,古生物学家认为球齿龙不仅仅捕食在海洋中生存的动物,它们还可以潜伏在海面下,猎杀飞在海面上想要捕鱼的翼龙。

半圆状牙齿的威力

不同于其他沧龙类,球齿龙演化出了特别的半圆状牙齿(如右侧化石图),且在顶端有个小尖。于是带壳动物如贝类、龟类和菊石就成为它的食物了。

球齿龙 [带壳动物的梦魇]

沧龙类,是生活在白垩纪晚期的海生爬行动物类群,它们食肉,凶猛异常,是当时海洋中的霸主。而我们将要介绍的角色几乎具有沧龙类的所有特质:速度快、又长又尖的嘴、众多牙齿等。这就是球齿龙,它们没有沧龙类群的庞大体形和顶级的捕食技能,但也依靠着高速和灵活的捕食优势,在大海中占有一席领地。

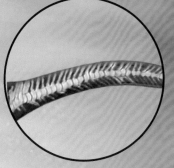

 摇摆"大桨"

　　球齿龙有着长长的桨状大尾，并且尾部扁平。它们游泳速度极快，一旦发现猎物便会穷追不舍，直到咬住为止。

▪ 拉丁文学名	Globidens
▪ 学名含义	球状牙齿
▪ 中文名称	球齿龙
▪ 类	沧龙类
▪ 食性	肉食性
▪ 体重	不详
▪ 体形特征	流线型身体，扁平尾部
▪ 生存时期	白垩纪晚期
▪ 生活区域	北美洲

6米

1.8米

🥚 致命武器

海王龙的下巴非常强壮,配合它的牙齿可以说是所有动物的噩梦,它会用这个下巴和下巴两侧的锥形牙齿紧紧咬住猎物,直至猎物死亡。

🗄 殊死豪夺

海王龙这类顶级掠食者有着极强的领地意识。因为它们缺乏天敌,所以对于自身的最大威胁就是与同类的竞争,于是在大海深处不断上演着残忍的手足厮杀。它们会果断地向兄弟姐妹发起致命的袭击,仅仅只是为了争夺领地。

海王龙 [致命的潜伏]

>>>

白垩纪晚期的陆地上上演着各种殊死搏斗,在看似平静的海面下,也无时无刻不进行着争斗角逐。而海王龙,这群生活在美国堪萨斯州的庞大怪兽,因为其强大的掠食能力,就不需要为生活苦苦挣扎了。古生物学家在其胃部的化石中找到了种类丰富的食物,有鱼类、小型沧龙类和蛇颈龙类等残留物,说明海王龙在水中的速度极快,所以即使拥有高超游泳技术的食肉鱼类也难逃被捕食的厄运。海王龙不愧于其"海洋之王"的称号。

拉丁文学名	Tylosaurus
学名含义	有瘤的蜥蜴
中文名称	海王龙
类	沧龙类
食性	肉食性
体重	10 000千克
体形特征	巨大的长条状身体
生存时期	白垩纪晚期
生活区域	美国堪萨斯州

15米

1.8米

强力"推动器"

海王龙长而有力的扁平尾巴是令其拥有数一数二游泳速度的主要因素。此尾巴长度大概是身长的一半,脊椎骨扩张的骨质椎体组成了可以助它畅游海洋的器官。

夺命"铁锤"

海王龙的脑袋上长有一个似圆筒的前上颌骨,可以撞击甚至打昏猎物,以助它捕获猎物。它还被用在与同类的打斗中,可以说这是海王龙的杀手铜。

萨尔塔龙 [巨无霸护甲]

到了白垩纪晚期,栖居北美洲的蜥脚类恐龙失去了植食性恐龙的统治地位,而鸭嘴龙类、甲龙类和角龙类等恐龙占据了优势地位。但是,还有一种长脖子的蜥脚类恐龙生活在某些地区,如果你看到它们,说不定会以为迷惑龙复活了,这种恐龙就是萨尔塔龙。

可怕的"鞭子"

萨尔塔龙拥有长长的尾巴。尾巴尖部很细,像一个大长鞭子一样。这种长尾不仅是用来保持身体平衡那么简单,更是令敌人生畏的武器。如果被这大鞭子抽中,后果可是极为严重的。

坚实的"甲胄"

身体表面是一些圆形骨板,直径为0.11~0.5厘米,骨板间还长有似纽扣的坚硬装饰物。这些小突起紧凑地排列着,令皮肤表面更加坚韧,增加了萨尔塔龙的防御能力。

拉丁文学名	Saltasaurus
学名含义	来自萨尔塔的蜥蜴
中文名称	萨尔塔龙
类	蜥脚类
食性	植食性
体重	1800~2500千克
体形特征	背部有背甲的蜥脚类
生存时期	白垩纪晚期
生活区域	阿根廷、乌拉圭

7.5~8.5米

1.8米

生产基地

古生物学家发现了一个罕见的遗址，这里可能是数百只雌性萨尔塔龙挖掘的洞穴，它们产下蛋，并用泥土或植物盖住，然后就离开此地，让宝宝们听天由命了。

冥河盗龙 [冥河的盗贼]

>>

在白垩纪晚期的美国蒙大拿州,动物纷杂遍布,植物繁荣生长,冥河盗龙就生活在这里。北美洲马斯特里赫特阶的驰龙属化石记录一直不太清晰,但根据来自蒙大拿州地狱溪组发现的化石,古生物学者建立了驰龙属恐龙的新属种——冥河盗龙,它是北美洲已知最晚的驰龙类恐龙之一。

匕首状牙齿

古生物学家只挖掘到冥河盗龙的部分上颌骨和齿骨化石。在对齿骨的分析中,他们发现冥河盗龙的牙齿呈匕首状,这有利于更好的吞食猎物。

恐龙中的大丹犬

加拿大皇家安省博物馆的脊椎动物古生物学馆长大卫原本认为冥河盗龙的化石是怜盗龙的骸骨,但通过三年的研究发现这属于一种新恐龙,是怜盗龙的近亲。他形容如果怜盗龙等同于德国的牧羊犬,那么冥河盗龙就是大丹犬。

硬挺的尾巴

冥河盗龙可能像恐爪龙一样,尾巴有一连串的长骨突和骨化肌腱。这种构造会令尾巴笔挺,可以为冥河盗龙提供更好的平衡及转弯能力。

▪拉丁文学名	Acheroraptor
▪学名含义	来自冥河的盗贼
▪中文名称	冥河盗龙
▪类	兽脚类
▪食性	肉食性
▪体重	不详
▪体形特征	典型的驰龙类样式
▪生存时期	白垩纪晚期
▪生活区域	美国蒙大拿州

1米

1.8米

镰刀状的利爪

冥河盗龙的趾爪可能像恐爪龙一样呈镰刀状，行走时第二趾会缩起，仅使用第三趾和第四趾行走。原来研究者认为镰刀爪被用来割伤猎物，但近年研究指出它可能是做刺戳之用。

致命的"香蕉牙"

　　暴龙残忍撕咬猎物的武器是口中60多颗牙齿，它们的凿状牙在前上颌骨紧密排列，横剖面呈英文字母"D"形，牙齿向后弯曲且形状类似香蕉，最长的竟达30厘米，有一半以上是埋在牙龈里的。千万不要小看这些"香蕉"，它们联合起来能够轻易咬碎一台汽车。

 敦实的"承重墙"

　　暴龙的后肢异常强大，每只脚可承受约半只大象的重量。脚掌有3个脚趾触地而跖骨离地，其稳固的踝部关节，让它能在崎岖的大地上自由行走。但是成年暴龙却不能奔跑，只能以每小时18千米至40千米的速度行走。

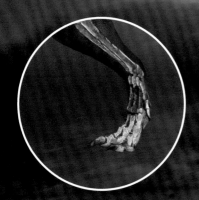

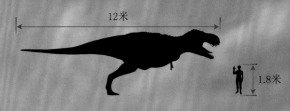

拉丁文学名	Tyrannosaurus
学名含义	残暴的蜥蜴
中文名称	暴龙
类	兽脚类
食性	肉食性
体重	6000千克
体形特征	巨大的头，口中有"香蕉牙"
生存时期	白垩纪晚期
生活区域	北美洲

如同摆设的前肢

暴龙的前肢小得可怜，仅有约80厘米长，位置也非常靠后。这对可怜的小手不仅无法抓到自己的脚部，甚至还摸不到自己的嘴，可想而知，在战斗时根本没有任何作用。可能在当暴龙趴着休息后起来时有支撑身体的作用。

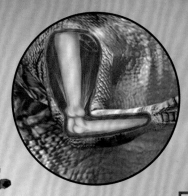

12米

1.8米

暴龙的菜单

长大的暴龙可能是位"独行侠"，享受着单身生活带来的自由。那么它的食物又是什么呢？2003年，有古生物学家在美国蒙大拿州发现了被其他恐龙袭击过的三角龙化石，并认为这是暴龙吃剩下的。

暴龙

[终极霸主]

>>>

暴龙是最广为人知的恐龙，自1905年被命名以来就一直坐在恐龙家族的国王宝座上。暴龙只有一个种——君王暴龙，又名霸王龙。暴龙生存于约6700万年到6600万年的白垩纪晚期，它们的形象频繁出现在展馆、书籍、影视等作品当中，是令"恐龙文化"崛起的领军人物。暴龙有凶猛残暴的外表，常常出现在惊悚刺激的画面中，可以燃起孩童渴求知识的欲望，深深地影响了人们对恐龙的认知，堪称恐龙星球的究极之王！

胜王龙

[血腥暴戾的君王]

在约6900万年前的印度半岛,森林、河流遍布,丰富多彩的原始生活在此拉开序幕,玛君龙的近亲——胜王龙是其中的一员。经研究发现,胜王龙与来自马达加斯加的犸君龙和南美洲的食肉牛龙有相似特征,表明它们起源于同一演化支系。其实,胜王龙生活的时代已经接近恐龙种族灭绝的时期,所以为学者研究历史的真相提供了更多线索。

浑圆的顶饰

胜王龙头顶上有一个球形突起,短小浑圆,就如同古代君王额头上或金、或银、或玉的装饰品,它可以用来辨识同类,也可以威吓侵略者。

随身携带的千斤顶

相比它庞大的身躯而言,胜王龙的前肢可是相当短小了,上肢前端只有3根爪状指,虽然看似笨拙滑稽,但千万不要小瞧这对前肢,因为它们可以像千斤顶一样"顶"起胜王龙。

圆滚滚的大尾巴

当胜王龙走在大地之上时,尾巴是不会碰到地面的,反而直挺挺地翘在身后,以平衡身体。另外,这条圆滚滚的大尾巴还是攻击挑战者的有力"武器"。

• 拉丁文学名	Rajasaurus
• 学名含义	蜥蜴之王
• 中文名称	胜王龙
• 类	兽脚类
• 食性	肉食性
• 体重	4000千克
• 体形特征	头顶上长有浑圆角状物
• 生存时期	白垩纪晚期
• 生活区域	印度

11米

1.8米

胜王龙的贡献

通过研究胜王龙化石出土处的沉积物,学者认为在那里曾爆发了5亿年以来最大规模的火山活动.此外,这只食肉恐龙的出现还对分析印度大陆如何脱离非洲板块,然后"撞进"亚洲板块的怀抱提供了有趣的资料。

特暴龙 [暴龙的亚洲兄弟]

在白垩纪晚期的东亚地区,潮湿广袤的平原上,河道广布,水草丰美。在这样一个人间天堂,却居住着一种"恶魔",人称"杀戮机器",它就是特暴龙——最大型的暴龙类恐龙之一。这只恐龙的化石被保存得很好,包括完整的头骨和骨骸标本等,可以帮助研究者详细了解特暴龙的种系关系和脑部构造等相关信息。

大脑袋的"诉求"

特暴龙的头骨虽然高大,但前段窄小。此外,扩张幅度不大的后段头骨显示特暴龙的眼睛无法直接朝前视物,因而它不具有暴龙的立体视觉。其实,特暴龙是靠着嗅觉和听觉进行捕猎的。

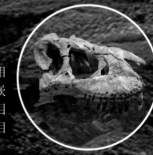

头部力学

特暴龙鼻骨和泪骨间没有骨质相连,但却有个大突起长在上颌骨后并嵌入泪骨,咬合力会由上颌骨直接转到泪骨处。它的上颌很坚固,因为上颌骨与泪骨、额骨和前额骨牢牢结合着。

■ 拉丁文学名	Tarbosaurus
■ 学名含义	令人害怕的蜥蜴
■ 中文名称	特暴龙
■ 类	兽脚类
■ 食性	肉食性
■ 体重	4000千克
■ 体形特征	两根迷你手指，后肢粗厚
■ 生存时期	白垩纪晚期
■ 生活区域	亚洲

9.5米

1.8米

🥚 粗壮的长尾

特暴龙有一条又长又重的尾巴，这可以帮助它平衡前部躯体的重量，将重心保持在腰带处。

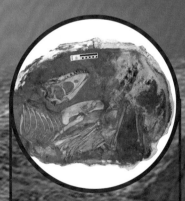

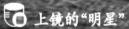

上镜的"明星"

虽然特暴龙残忍凶暴，杀戮无数，但还是受媒体欢迎的，在2005年英国BBC的电视节目《恐龙凶面目》中上镜了。此外，它还"受邀"参演了《镰刀龙探秘》，可谓是个恐龙明星。

"六亲不认"的玛君龙

快看，前方20米处居然有两只玛君龙在拼力打斗！千万不要以为它们只是在切磋，其实那是用生命在搏斗！要知道，在这个残忍的、适者生存的环境里，已经没有所谓的同类的概念了，活下来才是它们的唯一目的。但是这种"六亲不认"的做法其实只存在于玛君龙的家族中。

著名的大头

玛君龙有一个著名的特征——巨头，当然其上的各种开孔可以帮助它减轻脑袋的重量。此外，在额顶的位置上还长有一个角状凸起，是追求异性时用来炫耀的工具！

玛君龙

[手足相残的恶魔]

与非洲大陆东南部相望的马达加斯加岛在白垩纪晚期可并不是一个度假天堂，因为它可是比现在更贴近赤道的地带，所以极有可能是干旱的沙漠。在这令人燥热的、翼龙飞舞的大地上，还居住着一种兽脚类恐龙——玛君龙。玛君龙的骨骼化石是于1979年发现的，古生物学家还在化石上发现了齿痕，因此，学者们猜测玛君龙有嗜食同类的残忍习性，这也是它"臭名昭著"的原因吧！

■ 拉丁文学名	Majungasaurus
■ 学名含义	玛君蜥蜴
■ 中文名称	玛君龙
■ 类	兽脚类
■ 食性	肉食性
■ 体重	750千克
■ 体形特征	头颅宽，前肢特别短
■ 生存时期	白垩纪晚期
■ 生活区域	马达加斯加岛

6米

1.8米

结实的后肢

相较于其他兽脚类恐龙那较为修长的后肢，玛君龙的后肢显得短而结实，这使其能轻松追上那些行动缓慢的蜥脚类恐龙。

高度"近视"

较小的视觉中心令玛君龙的视觉范围有限，双眼所见事物无法重叠，因而没有很好的深度感知。要知道，两只玛君龙要想从侧面看对方是非常困难的。

恶龙 [邪恶的弯刀杀手]

>>

恶龙是一种小型的兽脚类恐龙，其化石完整度大约是40%，发现于地处非洲东南部的马达加斯加岛。恶龙的模式种名字叫作诺弗勒恶龙，是在2001年被叙述命名的，这个名字是为了纪念马克·诺弗勒而起的，他是英国险峻海峡乐队的一位成员。就是因为海峡乐队的音乐，才使发掘队伍有了更大的干劲儿，最终发现了恶龙化石。恶龙主要吃鱼类和小型的猎物，其牙齿就像长矛一样锋利，因此也是恶龙最有利的杀手锏。

弯刀般的牙齿

恶龙惯用的猎食伎俩就是用似长矛的前齿刺进猎物的皮肉，然后将后齿当作刀片儿一样"切碎"它们，这种凶残的猎食方式令恶龙的牙齿演化出奇特的排列方式，在其他掠食恐龙中也很少见。

独特的骨骼构型

发达的趾骨和圆形的腕骨；排列成插座形象的骼骨和耻骨关节；胫骨的下突起、股骨内髁关节和脚末节骨双面有凹等，都是恶龙等阿贝力龙类恐龙的共有特点。

▪拉丁文学名	Masiakasaurus
▪学名含义	邪恶蜥蜴
▪中文名称	恶龙
▪类	兽脚类
▪食性	肉食性
▪体重	不详
▪体形特征	前端牙齿向前倾
▪生存时期	白垩纪晚期
▪生活区域	非洲、南美洲

2米

1.8米

🥚 **标志性的下颌**

　　恶龙下颌的第一齿几乎是水平的,其前排的牙尖还长有回钩和小小的锯齿。这些牙齿特征表明兽脚类恐龙的食物是丰富多样的。

镰刀龙

[戈壁沙漠的四不像]

▶▶▶▶▶▶▶▶▶▶▶▶▶▶▶▶▶▶▶▶▶▶▶▶▶▶▶▶▶▶▶▶▶▶▶▶▶▶

　　约7000万年前晚白垩纪的蒙古戈壁沙漠，并不是如今的黄沙遍野、一片荒凉景象，而是生机勃勃、水草丰美的植物天堂。在那里，居住着一种植食性恐龙——镰刀龙，它的长相奇特，可以说是恐龙中的"四不像"。1948年，由来自前苏联和蒙古国组成的挖掘团队发现了镰刀龙的化石，但他们被其大爪子迷惑了，将其标本归入一种大型的龟类！直到1970年才改正过来。

谜一样的食性

　　古生物学家对于镰刀龙吃什么还存有争议，目前大部分学者的意见是植物。它会用长长的手臂和尖利指爪拽下树叶来吃。但是也有人认为它们是吃白蚁的，那对巨大的爪子就是为挖开白蚁冢而生的。可是如果以昆虫为食的话，镰刀龙会有那么大的体形吗？

直立行走

　　有些学者认为镰刀龙的前后肢长度相近，所以可能像大猩猩那样走路。但是大多数的学者却支持镰刀龙不会用四肢行走的说法，因为它们的前肢不适合支撑体重，爪子也很碍事。

▪ 拉丁文学名	Therizinosaurus
▪ 学名含义	镰刀蜥蜴
▪ 中文名称	镰刀龙
▪ 类	兽脚类
▪ 食性	植食性
▪ 体重	5000千克
▪ 体形特征	前肢上有极长的指甲
▪ 生存时期	白垩纪晚期
▪ 生活区域	亚洲

10米

1.8米

消化系统

镰刀龙的盆骨好似一个大篮子,因而腹部空间很大,可以容纳长肠子,帮助它进行食物的摄入、运转和消化,以及进行吸收营养和排泄废物等复杂的生理活动。

张扬的巨爪

镰刀龙有一对巨爪可用来自卫或争抢配偶。当碰到敌人时,它可能会展开双臂,然后像天鹅一样拍打翅膀,以此来展示巨爪威吓对方,也会在异性心中树立自己高大勇猛的形象。

巨盗龙

[暴躁"霸王枪"]

>>>>>>>>>>>>>>>>>>>>>>

2005年,古生物学家们在中国内蒙古的二连盆地发现了一具化石,其庞大的体形足以与暴龙类恐龙相比。又过了两年,即2007年,著名的古生物学家徐星教授发布了研究成果:这件巨型化石属于恐龙世界的"袖珍"龙——窃蛋龙类。它就是著名的巨盗龙,生存在约7000万年前的白垩纪晚期,是目前发现的最大的窃蛋龙类恐龙。

 "年轮"的痕迹

从右侧巨盗龙骨切片照片上看,骨细胞有圆形和椭圆形两种形态。恐龙骨细胞的生长痕迹由类似树龄的线条组成,不过比树龄更复杂。树龄的一条线代表一年,而骨细胞生长痕迹有的一条线代表一年,有的则是几条线代表一年。

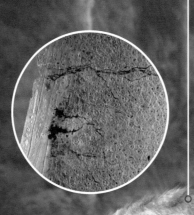

 奔跑健将

巨盗龙的脊椎体内有能减轻体重的海绵状结构。它的小腿长于大腿,腿骨纤细,能助其快速奔跑。有学者推测,巨盗龙的奔跑速度可能快于暴龙!

凶猛的大嘴

巨盗龙的大嘴看上去极其厉害,也许只需轻轻一夹,就能在瞬间咬断对方的腿或脖子,是巨盗龙的猎杀武器。

■ 拉丁文学名	Gigantoraptor
■ 学名含义	巨大的盗贼
■ 中文名称	巨盗龙
■ 类	兽脚类
■ 食性	杂食性
■ 体重	2000千克
■ 体形特征	外形像超大火鸡
■ 生存时期	白垩纪晚期
■ 生活区域	中国内蒙古

8米

1.8米

小动物杀手

目前大部分古生物学家认为,巨盗龙那张大嘴可能会直接吞咽体形小的动物。也许,巨盗龙会依靠身体优势去突袭其他恐龙的巢穴,残忍地捕杀、吞食恐龙宝宝。

恐手龙

[恐怖的魔爪]

1965年，一支考察队在蒙古的戈壁沙漠中发现了一种拥有可怕巨爪的恐龙，仅前臂和手指骨骼就达3米长，爪子就有20~30厘米。其中一位研究者还写道："当我想象整个恐龙的模样时真是毛骨悚然！"它就是目前所发现的恐龙中最令人感到惊悚的一种——恐手龙。

 灵活的前臂

暴龙的前肢短小，根本就是个摆设。但恐手龙的前臂修长灵活，因而较大多数恐龙的前肢更为实用。从骨骼来看，它的关节可以灵活运转，令恐手龙在对敌时的攻击更加灵活。

 **锋利"手术刀"**

恐手龙除了有强壮灵活的前臂可用外，长有锋利指尖的大爪也是它生存的利器。恐手龙可利用这种大爪撕开敌人的胸膛，就如同医生手中的手术刀划开病人的皮肤一样。

攀爬猎手

　　有学者推测恐手龙的前爪其实并不那么锋利，因而前爪是自卫工具而非猎杀武器。而来自俄罗斯的古生物学家研究了恐手龙和树懒的前肢，认为恐手龙是善于爬树的动物，可以吃水果、树叶或小动物的蛋。

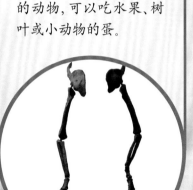

▪ 拉丁文学名	Deinocheirus
▪ 学名含义	恐怖的手
▪ 中文名称	恐手龙
▪ 类	兽脚类
▪ 食性	杂食性
▪ 体重	6400千克
▪ 体形特征	锋利的爪子
▪ 生存时期	白垩纪晚期
▪ 生活区域	亚洲

11米

1.8米

各司其职的四肢

　　恐手龙的前肢是进攻的武器，其细长锋利的爪子注定了前肢无法助其行走。于是，奔跑走路的重担就交给后肢完成。慢慢地，恐手龙的后肢肌肉进化得健壮无比。最终，四肢默契地相互配合，服务恐手龙的一生。

深度知觉

　　食肉牛龙的眼睛朝向前方，可能有着双眼视觉及深度知觉。深度知觉是个体对同一物体的凹凸或对不同物体的远近的反应。视网膜虽然是一个两维的平面，但不仅能感知平面的物体，还能产生具有深度的三维空间的知觉，这主要是通过双眼视觉来实现的。

皮内成骨

　　食肉牛龙的背部与体侧的皮肤上，有多列的圆锥形皮内成骨，部分直径达0.05米，包括宽而平的甲板和小而圆的结节。甲板在它的颈部、背部及臀部整齐陈列，使食肉牛龙的外表凹凸不平，类似今日鳄鱼的外表。

● 拉丁文学名	Carnotaurus
● 学名含义	食肉的牛
● 中文名称	食肉牛龙
● 类	兽脚类
● 食性	肉食性
● 体重	2000千克
● 体形特征	眼睛上方长有一对角
● 生存时期	白垩纪晚期
● 生活区域	阿根廷

 如牛的犄角

要说食肉牛龙最特殊的部位,就是长在眼睛上方那两根又短又粗的角,令头顶略宽。这两根角不仅可以用作争夺配偶,还可以同其他种族进行激烈地打斗。

 7.5米

 1.8米

速度才是它们的强项

食肉牛龙堪称恐龙族群中的"短跑健将",捕食时的速度每小时可达55千米。食肉牛龙尾肋骨相互交叉向上倾斜,尾部肌肉强壮,被称作尾股间肌肉,肌肉收缩可以推动腿部运动。尾股间肌肉越强壮,恐龙的奔跑速度就越快。

食肉牛龙 [史前牛魔王]

▶▶▶▶▶▶▶▶▶▶▶▶▶▶▶▶▶▶▶▶▶▶▶▶▶▶▶▶▶▶▶▶▶▶▶▶▶▶▶

在约7200万年至6990万年前的白垩纪晚期,生活着一种大型食肉恐龙——食肉牛龙。它们是目前已知奔跑速度最快的大型恐龙,以自身优势迅速占领了南美生物圈的食物链之巅,是当时令人闻风丧胆的巨型恶霸。当看到食肉牛龙那对角时,小动物们就会马上逃跑。此外,学者们还在化石上发现了一些皮肤印记,也许食肉牛龙的外表非常精致华美。

窃蛋龙 [无休止的诅咒]

在约7500万年前的蒙古大草原上，栖居着一种身披羽毛、好似大鸟的恐龙——窃蛋龙。最早发现的是一些被踩碎的骨头化石，零散地分布在一个巢穴中，因而古生物学家认为它是在窃取其他恐龙的蛋时被杀害的，于是有了窃蛋龙一名，但事实上，窃蛋龙是在保护自己的蛋。可是古生物界的规矩就是，名字一旦定下来就不能更改，因而窃蛋龙也只能永远背负"骂名"了。

孵化方式

窃蛋龙的孵化方式与一些现生鸟类相似。成年的窃蛋龙把卵产在用泥土筑成的圆锥形的巢穴中。成年龙可能会用带羽毛的翅膀来孵化宝宝们。

敏捷的手指

窃蛋龙的每只手上长着三个手指，上面都有尖锐弯曲的爪子。第一个指比其他两指短许多，这个指就像个大拇指，可以呈弧状弯曲。窃蛋龙行动敏捷，能在短时间内把猎物紧紧抓住。

▪ 拉丁文学名	Oviraptor
▪ 学名含义	偷蛋的贼
▪ 中文名称	窃蛋龙
▪ 类	兽脚类
▪ 食性	杂食性
▪ 体重	不详
▪ 体形特征	身披羽毛,头有冠饰
▪ 生存时期	白垩纪晚期
▪ 生活区域	亚洲

1.6米　1.8米

 无牙胜有牙

窃蛋龙没有牙齿,但是它的喙状嘴部有两个尖锐的骨质尖角。这对尖角像一对锋利的叉子一样具备牙齿的功能,能够轻易地敲碎骨头。

被冤枉的窃蛋龙

最新科学研究表明窃蛋龙的偷蛋名声可能是个千古奇冤,因为新发现的化石形象表明它们只是在保护自己的蛋不受到侵害,并且正在用长爪呵护着幼小的生命。

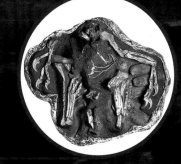

似鸵龙

[全力奔跑]

在约7500万年至6600万年前，有一种和鸵鸟长得非常像的长腿恐龙——似鸵龙。这只兽脚类恐龙奔跑在白垩纪晚期的加拿大，身后拖着一条长长的大尾巴。但是，似鸵龙最终和其他恐龙一起在地球上永远地消失了。

🥚 双眼的魅力

似鸵龙的小脑袋上长着一双很大的眼睛，使它魅力四射，因为它的视野广阔，再加上那高超的奔跑技能，使它躲离危险绰绰有余。

急速逃离

古生物学家研究指出，当似鸵龙遇到危险时，唯一能够令它存活下来的技能就是奔跑。它的奔跑速度能达到每小时50至80千米，两步跨距有6米，足有两层楼那么高！

·似鸵龙

■ 拉丁文学名	Struthiomimus
■ 学名含义	鸵鸟模仿者
■ 中文名称	似鸵龙
■ 类	兽脚类
■ 食性	杂食性
■ 体重	150~350千克
■ 体形特征	外形像鸵鸟
■ 生存时期	白垩纪晚期
■ 生活区域	加拿大

4~4.8米

1.8米

强势"组合"

似鸵龙长且壮的双腿就是为奔跑而生的。长于股骨的胫骨可以使它高速奔跑；联合的三根跖骨可使力量从脚踝输送到腿部和其他部位，令似鸵龙发挥出极致的速度。

助力"跑鞋"

似鸵龙双脚上的爪子长直且窄小，而且如同跑鞋底面的钉子一样有很强的抓地能力，能够避免打滑摔倒，令其可以无后顾之忧地全速捕捉猎物。

多功能利爪

似鸡龙手上的三个利爪可是多功能用具,不仅可以御敌,还能够翻拨泥土寻找小动物和恐龙蛋,如同鸡一样刨土挖虫,只不过似鸡龙使用未退化的前爪,鸡用的是双脚。

急速狂奔者

似鸡龙可谓是白垩纪的奔跑健将。短趾、长跖骨和长于股骨的胫骨,加上上天赋予的强壮肌肉,令似鸡龙瞬间变身一台"超速机器"。

浓缩的智慧

似鸡龙的脑袋同庞大的体形相比可谓不值一提，但这只是外行人的看法。据研究者推测它的头骨内可能包容着异常发达的大脑，使似鸡龙聪慧异常。

• 拉丁文学名	Gallimimus
• 学名含义	鸡模仿者
• 中文名称	似鸡龙
• 类	兽脚类
• 食性	杂食性
• 体重	450千克
• 体形特征	外形像鸡
• 生存时期	白垩纪晚期
• 生活区域	中国内蒙古自治区

6米

1.8米

 轻便的骨骼

别看似鸡龙体形很大，可是和它的体重不成比例，因为它体内的骨骼都是中空的，正是这种中空构造，使得这只恐龙能够飞奔竞走。

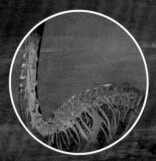

似鸡龙 ［似旋风的极速奔跑］

>>

在恐龙世界里，兽脚类可算是"名门望族"了，它们支系广布，子弟众多，而且基本都是凶残的食肉"杀手"。但每个家族总会有一两个"不合群"的特例，似鸡龙就是其中之一，它是杂食性恐龙，除了吃肉还吃浮游生物。似鸡龙活跃在约7000万年前的白垩纪晚期，是20世纪70年代初在蒙古的沙漠"现身"的，它也许是体形最大的似鸟龙类，能够奔跑如风。

短而高的头颅

　　要知道,除了头颅稍微短且高,阿贝力龙几乎和暴龙生得一模一样。它的鼻子和眼睛上长有不平滑的突起,也许用于支撑由角质组成的冠饰,但是却没有在化石中存留下来。

·阿贝力龙

■ 拉丁文学名	Abelisaurus
■ 学名含义	阿贝力的蜥蜴
■ 中文名称	阿贝力龙
■ 类	兽脚类
■ 食性	肉食性
■ 体重	700~3000千克
■ 体形特征	大脑袋和弱小前肢
■ 生存时期	白垩纪晚期
■ 生活区域	阿根廷

5.5~10米

1.8米

 像窗户一样的膜孔

我们可以看见，在阿贝力龙的头骨上也生有所有恐龙拥有的大型颞孔。这如同窗户一样的缺口，可以帮助恐龙减轻头骨重量，以方便它更快捷迅速地捕捉猎物。

 弱小的上肢

虽说阿贝力龙堪比暴龙的凶悍，但还是撼动不了暴龙的王者宝座，它的前肢比暴龙的弱小。经来自德国慕尼黑大学的古生物学家等人的研究发现，在阿贝力龙类的初期演化中，前肢就有渐渐缩短的趋势了。

阿贝力龙

[南半球的狠角色]

在白垩纪晚期的北美洲，居住着最最出名的恐龙明星——暴龙。但是你知道吗？在南半球上，还有一类凶猛无比的食肉恐龙在悄悄崛起，它们就是阿贝力龙，在南美洲"一统江湖"！阿贝力龙生活在约8000万年前，至今只发现一件不完整的头骨化石，大约长0.85米。

猎食方式

罗多尔夫·科里亚认为马普龙们会群体围困并捕捉体形大的猎物，但不确定这种共同行为是否如同狼群一样为有组织的捕杀活动，也许只是一种随意的行为

马普龙

[巨型食肉王]

>>

从1997~2001的四年时间里，古生物学家们在一个骨床中挖掘出了不少马普龙化石和其他至少七种恐龙的骨骼化石。2006年，两位古生物学家，罗多尔夫·科里亚和菲利普·柯里猜测上述骨床可能是由很多的恐龙尸体堆积而成的，曾经是某种食肉动物的猎食陷阱，并推测马普龙可能就是这个陷阱的主人，它是一种大型食肉恐龙，捕杀猎物轻而易举。

▪ 拉丁文学名	Mapusaurus
▪ 学名含义	大地蜥蜴
▪ 中文名称	马普龙
▪ 类	兽脚类
▪ 食性	肉食性
▪ 体重	5000千克
▪ 体形特征	传统的肉食龙样式
▪ 生存时期	白垩纪晚期
▪ 生活区域	阿根廷

11.5米

1.8米

 瘆人的牙齿

　　和其他鲨齿龙类一样，马普龙也有着瘆人的齿系，这些侧扁且带着锯齿的牙齿是它的独门武器。

 能滑动的鼻骨

　　马普龙的鼻骨比南方巨兽龙的厚，同暴龙相比其鼻骨还能滑动。此外，这个鼻骨在与上颌骨和泪骨接触的前段很窄，令马普龙在咬碎猎物骨头的同时不会损坏自己的骨头。

可怕的咬合力

　　南方巨兽龙的咬合力至少有6吨，最大的利齿足有30厘米，刀一样锋利的牙齿令它能够快速撕下猎物的皮肉。在陆生动物中，暴龙的咬合力最大，南方巨兽龙紧随其后。

惊人的速度

　　当南方巨兽龙奔跑时，古生物学家将其身体从摆动状态恢复到平衡状态时所用的时间，同股关节的运动和平衡的活动范围相比得出结论，南方巨兽龙的最高速度可达每秒钟14米。

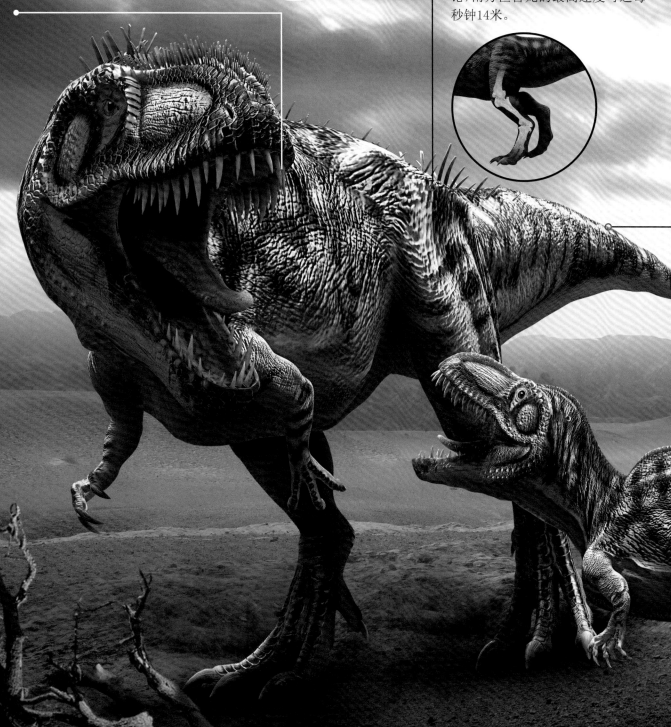

•拉丁文学名	Giganotosaurus
•学名含义	南方的巨兽蜥蜴
•中文名称	南方巨兽龙
•类	兽脚类
•食性	肉食性
•体重	7000~8000千克
•体形特征	大脑袋,下巴略呈方形
•生存时期	白垩纪晚期
•生活区域	阿根廷

 尾巴的功效

　　南方巨兽龙坚硬的骨骼和强壮的肌肉网络是支撑沉重身躯的保证,与此同时,还会令它在捕食时有不俗的速度。长而尖的尾巴则赋予它迅速转向和击昏猎物的技能。

13~14米

1.8米

 **群居合作**

　　你知道吗?古生物界已经普遍认同巨型的食肉恐龙智商不高,更不可能有复杂的社会行为。但是有古生物学家却发现在南方巨兽龙的意识中可能已拥有群居概念,甚至在群居生活中学会了合作捕食的方法。

南方巨兽龙 ［南方的终极杀手］

　　在约9700万年前的白垩纪晚期,有一种非常厉害的掠食者在陆地上出现了。它们硕健的前肢比暴龙还适合猎杀动物,大腿股骨比暴龙的还要大。它们就是迄今所发现的恐龙中,体重第二的食肉恐龙——南方巨兽龙。南方巨兽龙是侏罗纪异特龙的后辈,却在自然选择中演化出更加庞大的体形。

征服天空

风神翼龙非常聪明，它会巧妙利用气流的变化协助其滑翔在空中。若上升的气流较弱，风神翼龙就会向下俯冲，提升飞翔速度；若高度下降，又会迎风上升。它只需把腿伸开或紧闭，脚蹼就会像船舵一样调整飞行方向。

不容忽视的"窗口"

风神翼龙的体形是翼龙家族的冠军。它细长的脖子上长着一个特别大的脑袋，大大的眶前孔几乎占据了头骨的一半长。于是风神翼龙的大头就少了很多负担，想要保持身体平衡也就容易多了。

没有定论的生活方式

古生物学家对风神翼龙的生活方式有许多不同看法。因为它的长颈椎、长而缺乏牙齿的颌部，有学者认为它的飞行能力不佳，反而是经常在地面活动，吞食腐尸。

 遮天羽翼

风神翼龙有一对巨型的遮天羽翼,所以很适合长途飞行。据研究者认为,风神翼龙可能会花费一整天的时间跟随积云寻找热气流,然后与其共同飞升至5千米的高度。在这里它不用挥动一下翅膀,就能轻而易举地飞到50公里以外的地方。

■ 拉丁文学名	Quetzalcoatlus
■ 学名含义	披羽蛇神奎兹特克
■ 中文名称	风神翼龙
■ 类	翼手龙类
■ 食性	杂食性
■ 体重	500千克
■ 体形特征	头和翼都非常大
■ 生存时期	白垩纪晚期
■ 生活区域	美国得克萨斯州

10~11米

1.8米

风神翼龙

[披羽蛇的庇佑]

当翼龙类家族生存至白垩纪晚期时,只剩下没有牙齿的伙伴们:无齿翼龙类、夜翼龙类和神龙翼龙类,而神龙翼龙类又是生存到最后一刻的族群。其中我们的主角,风神翼龙,即是其中代表之一!风神翼龙生活在约6800万年到6600万年前。据学者推测,它们的生活习惯应与信天翁相似,会长时间地在空中停留。可惜的是,风神翼龙也没能逃脱掉灭绝的命运,永远地消失在历史的长河中了。

扬帆起航

　　如右侧夜翼龙头部化石，其高耸脊冠附着一张膜，能产生极大的气动力，于是它就可以通过改变迎风角度来获取飞行助推力，飞行能力会大大提高。但也有学者认为夜翼龙脊冠上并没有这片膜。

偏转翼

夜翼龙在天空中翱翔时,会把身体偏转成一定角度,令翅膀不在一个水平面上,增加侧面阻力,用来抵消风的侧向力。

▪拉丁文学名	Nyctosaurus
▪学名含义	像夜晚蝙蝠的蜥蜴
▪中文名称	夜翼龙
▪类	翼手龙类
▪食性	肉食性
▪体重	不详
▪体形特征	头与脊冠像奔驰车的徽标
▪生存时期	白垩纪晚期
▪生活区域	巴西、美国堪萨斯州

2米

1.8米

演化的痕迹

我们知道,翼龙的翼指骨通常由4节骨组成,但夜翼龙仅有3节,而且另外3根手指也极为退化,这可能是因为它们不需要长时间接触地面造成的。

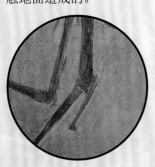

翼龙对后世的影响

翼龙或许拥有人类无法想象的飞行力和控制力,学者对翼龙类动物无法敏捷飞行的想法可能也由此改变。对于翼龙的研究不仅增加了人类对翼龙演化进程的认识,可能也会对无人机的制造贡献些许启示。

夜翼龙

[飞行的三叉星]

>>>

在爬行动物"霸占"了大陆后,适宜的环境令家族成员愈来愈多,就使得其他动物可生存的空间愈来愈少。翼龙家族提早预知这一变化,摆脱了重力的束缚,征服了更加广阔的天空。在这一重大转变中,夜翼龙也展现出其非凡的能力。2009年,中国的学者首次将古生物学与航空学结合,用气动力学来分析研究夜翼龙的飞行能力。它带着脑袋上极长的三叉星标志,成为了陆、海、空"三栖明星"。

雌雄之分

　　要想区分无齿翼龙的性别，只需观察脑袋上的脊冠就行了。从侧面看，雌性无齿翼龙的脊冠短小宽大，而雄性的窄小尖长，更具侵略性。右图为雌性。

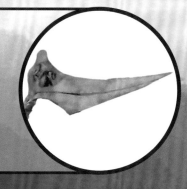

无齿翼龙

［无牙刺客］

>>>

　　到了白垩纪晚期，生活在广阔海岸线的无齿翼龙完全颠覆了有齿的翼龙王族，适应了当时的环境。因为在领区内几乎没有天敌，所以无齿翼龙更加肆无忌惮地扩张家族成员数量，身体不断生长变大，终于成为了"一代天骄"。

• 拉丁文学名	Pteranodon
• 学名含义	没有牙的翼龙
• 中文名称	无齿翼龙
• 类	翼手龙类
• 食性	肉食性
• 体重	20~93千克
• 体形特征	没有牙齿,脑袋像梭子
• 生存时期	白垩纪晚期
• 生活区域	美国堪萨斯州

3.8~7.25米

1.8米

联合脊椎的力量

无齿翼龙的联合脊椎是一块两侧都有关节面的板状体,与肩胛骨连接,它最重要的功能就是支撑稳固肩带。此外,联合脊椎还与背阔肌相连,令无齿翼龙能够抬起前臂上肢而朝后摆动。

飞行中的"保护设施"

背肋在脊椎椎体两侧,越接近尾巴越短,强度越小。它连着胸肋并和胸骨共同构成了牢固的"笼子",让无齿翼龙可以自由飞翔,无须担忧胸腔会受到压迫。

"刺客"本无牙

无齿翼龙就像现在的鸟类一样,只有喙状嘴却无牙。它的下颌长一米多,注定了菜单中只有鱼类一项,家也只能在海边。

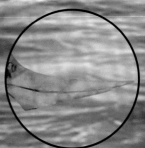

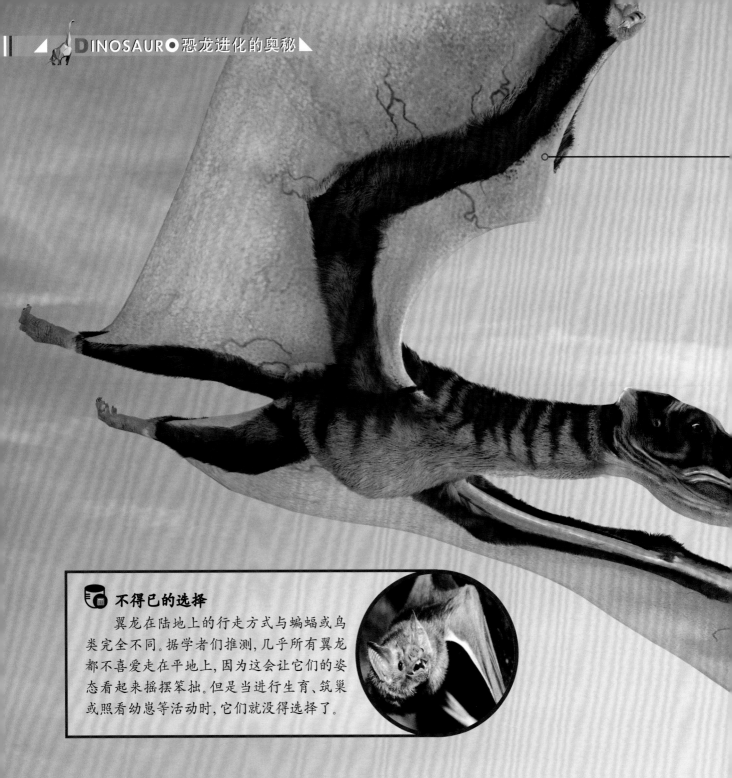

不得已的选择

翼龙在陆地上的行走方式与蝙蝠或鸟类完全不同。据学者们推测，几乎所有翼龙都不喜爱走在平地上，因为这会让它们的姿态看起来摇摆笨拙。但是当进行生育、筑巢或照看幼崽等活动时，它们就没得选择了。

脊颌翼龙

[峭壁舞者]

>>>

翼龙是第一种飞上天空的脊椎动物，自从发现了翼龙的化石，人类就对它产生了好奇心，因而一直不断地追逐着这类动物的踪迹。脊颌翼龙生活在约1.12~1.08亿年前的白垩纪晚期，双翼展开的长度足有8.2米。它们喜欢栖息在海边的悬崖峭壁上，别看它们体形巨大笨重，但活动起来十分轻巧灵活。

遮天羽翼

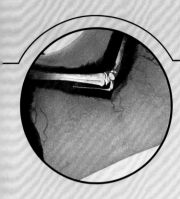

脊颌翼龙的双翼十分巨大。它们在天空中是像人类使用的滑翔翼那样借风翱翔，而非像小鸟一样拍动翅膀。

■ 拉丁文学名	Tropeognathus
● 学名含义	拥有龙骨般的下颌
● 中文名称	脊颌翼龙
● 类	翼手龙类
● 食性	肉食性
● 体重	不详
● 体形特征	嘴巴上下都有脊
● 生存时期	白垩纪晚期
● 生存时期	巴西

8.2米

1.8米

水面"导航仪"

脊颌翼龙嘴巴的上下位置都长有凸出的片状冠饰，在它们捕鱼时，这两片冠饰就变身成"导航仪"，帮助脊颌翼龙辨别方向。

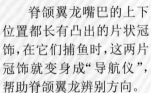

劈开水面的"板斧"

脊颌翼龙的下颌伸出一个脊状突起，能在探进水中捕鱼时劈裂水面，以此减轻水压对身体的影响。

密集的牙齿

南翼龙的牙齿就像是一个过滤器,上颌的短牙齿就是这个"机器"的盖子。南翼龙将上翘的大嘴探入海中,然后缓慢地向前摸索。它耐心地等待着小鱼、小虾们自动钻进过滤器中,轻轻紧闭上颌,最后滤去嘴内的水就可以美美地进食啦!

同样有"大胡子"的动物

南翼龙的牙齿同当代须鲸的相似。须鲸主要生活在亚洲难开,它的嘴里没有牙齿,而是一些能顶替牙齿使用的角质骨板,位于上颌边缘,是具有筛滤功效的梳齿。

南翼龙 [千颗牙过滤世界]

在中生代,翼龙一直以它卓尔不群的飞翔技能支配着天空。瞧,这位号称"大胡子"的南翼龙来自南半球,是白垩纪早期天空中的佼佼者,生存于约1.05亿年前。你可知道,南翼龙的脑袋只有23.5厘米长,嘴内却长有1000颗窄长的鬃毛状牙齿,就是这些奇怪的"长胡须"令南翼龙名扬天下。此外,它粉红色的身体也令大家常常联想到栖息在非洲东非大裂谷的红鹤,因而也被称为"红鹤翼龙"。

功能型"四肢"

　　降落的南翼龙会将翼展折叠,四肢就可以在地面上行走,当然也能够站在浅水里捕捞食物。它还长有一双大脚,行走稳定性是极好的。

 中空的骨骼

　　由于南翼龙要在天空飞翔,所以身体的重量一定要非常轻,因此它的骨骼就渐渐进化成了中空形态,以保证它身轻如燕,恣意翱翔。

▪ 拉丁文学名	Pterodaustro
▪ 学名含义	南方羽翼
▪ 中文名称	南翼龙
▪ 类	翼手龙类
▪ 食性	肉食性
▪ 体重	不详
▪ 体形特征	鬃毛状牙齿
▪ 生存时期	白垩纪早期
▪ 生活区域	智利、阿根廷

2.5米

1.8米

空气动力学

识别掠海翼龙最好的方法就是长在脑袋上那个高耸的脊冠，可以像舵一样协助它控制或改变飞行方向。此外，这个空心的构造在末端还有一个字母"V"形的凹口。当掠海翼龙在空中飞翔时，就像有把大刀在空中游走一样。

 流线型的颌部

掠海翼龙的下颌遍布神经，凸出且略长于上颌；长喙上半部和下颌组成的样式像把剪刀。这种流线型的构造与现代的剪刀鸥十分相似。

掠海翼龙 [狂舞的"剪刀手"]

在约1.08亿年前，生存着一群栖息在早白垩纪湖边的翼龙——掠海翼龙。这群掠海翼龙可以说与众不同，因为它们可以在飞翔的同时探测食物。当然，这片领空除了能看见掠海翼龙的身影外，还有它的近亲，古神翼龙（因巨大头冠被人熟知）也在此生活。最近几年有些研究者认为掠海翼龙与妖精翼龙可能是同一物种。

准噶尔翼龙

大约在1亿年前,我国新疆的准噶尔盆地可以说是动物生活的圣地,巨大的湖泊似少女一样娴静美丽,各类植物茂盛生长,为这里增添了无数生机,而准噶尔翼龙就幸运地生活在此。它的双翼伸展能达3米长,比一层楼还高。准噶尔翼龙化石的发现不仅补充了早期翼龙演化史的断档信息,还对研究全球翼龙的发展状态及古地理增添了非常珍贵的信息,极具研究价值。

丰富的食谱

准噶尔翼龙可是位喜好美食的翼龙,不仅尝遍各种植物,还特别爱吃肉类。吃够了小鱼、小虾就吃贝类,吃够了贝类又挑战石缝中或泥沙中的虫子们。真可谓是尝遍天下的"美食家"啊!

夹物"镊子"

准噶尔翼龙的上下颌前端弯曲,在顶端成一个尖,好似即将要飞出去的镊子。准噶尔翼龙就是利用这个"镊子"轻松捕获生活在石缝中的贝类或鱼类动物的。

无定时活跃

2011年，有古生物学家将翼龙、现代鸟类和爬行动物的巩膜环大小进行比较，提出古神翼龙是无定时的活跃性动物，会不分白天黑夜地进行觅食和移动，休息时间极短。

四肢的作用

古神翼龙的前肢没有爪子，在陆地上行走时需要用到发达的前肢来分摊大部分的身体重量，后肢则起辅助作用，这就导致它行走时步履蹒跚。

古神翼龙 [夺目的皇冠]

在白垩纪早期的巴西，一群古神翼龙在湖泊和浅海上空翱翔。它们短而高的头骨十分特殊，上面有很大的鼻眶前孔。此外，每一只古神翼龙都有独属自己的头冠，通过不同大小和形状的头冠，可以快速识别它们，也令其带有一份神秘色彩。

高傲的头冠

古神翼龙的脑袋上伸出一个3倍于头长的头冠,由口鼻部上的半圆形冠饰和脑袋后方的骨质分岔组成。这个"高傲"的头冠可用于与同类传达信号。

▪ 拉丁文学名	Tapejara
▪ 学名含义	古老的主宰
▪ 中文名称	古神翼龙
▪ 类	翼手龙类
▪ 食性	肉食性
▪ 体重	不详
▪ 体形特征	大型角质头冠
▪ 生存时期	白垩纪早期
▪ 生活区域	巴西

6米

1.8米

独特的骨骼

古神翼龙的骨架小并且骨骼中空,能够减轻体重,利于飞行。此外,古神翼龙的骨骼内具有可以调节体温的小气囊,帮助它不受寒冷的侵袭。

文化的贯穿

2009年，马克·维顿给第三种妖精翼龙命名为"疯狂钻石"，因为这位古生物学家是英国摇滚乐队——平克·弗洛伊德的歌迷，因而用他们的名曲《疯狂的钻石闪光》（Shine On You Crazy Diamond）命名新种名。可见，古生物学家们并不是古板的人呢！

脊冠如何发育

成年妖精翼龙的脊冠是一个整体，它从鼻尖延伸到头骨后方，而未成年的妖精翼龙有两块脊冠：一块由鼻尖向后上方长出，另一块由头骨后方向前长出，当它们长合到一起之时，就是该翼龙成年的时候了。

妖精翼龙 [图皮人之翼]

1989年，人们发现了一块上颌骨残片和一些翼指骨和翼掌骨化石，其头骨上保存有脊冠。古生物学家将其命名为妖精翼龙。由于化石实在过于破碎，相关的研究工作进展困难。幸运的是，后来有人在一批被当作古神翼龙的化石中发现了几乎完整的妖精翼龙头骨和骨骼，使得妖精翼龙的研究工作得以延续。妖精翼龙是翼展达6米的大型翼龙，虽然展开翅膀有一座小房子那么宽，但实际重量却不超过一个小孩子！

古魔翼龙 [古老的梦魇]

>>>

古魔翼龙第一块化石发现于巴西的桑塔纳组地层,表明它生活在1亿年前的白垩纪早期。它们的身体比例非常奇怪,头骨的长度是躯干的两倍,肩带粗大,腰带却小得可怜,使其前后肢极不成比例。由于这种身体构造,古魔翼龙成为了非常著名的翼龙。

🥚 食鱼秘籍

古魔翼龙的上下颌各有小型、圆形冠饰,嘴内布满了圆锥状的弯曲牙齿,古魔翼龙会利用自己的牙齿合理地吞噬鱼类。

🥚 CT诊断

古魔翼龙脑中的半规管向下成30度角,有助于它们在飞行过程中保持平衡,也有助于它们在行走时保持最佳视野。

鸟一样的角质喙

华夏翼龙的嘴像鸟的角质喙，里面没有牙齿。据研究者根据体形和喙部等形态特点，推测华夏翼龙也许是一种既吃植物果实又吃鱼的杂食性动物。

神奇的前膜

翼龙停在陆地上时，折起前膜收拢在翅膀前缘。一旦进入离地、飞行与着陆阶段，它们原来的模样就会展露出来。起飞时，由翼小骨支撑的前膜会增加30%的阻力，而在着陆时只增加15%。

华夏翼龙  [华夏之翼]

古神翼龙科化石在中国辽宁的九佛堂组地层较为丰富，包括了中国翼龙和华夏翼龙。华夏翼龙有着非常发达的前上颌骨脊和顶骨脊，两脊后部平行向背后方延伸，而且，本溪种的翼龙顶骨脊上方还保存了非常罕见的软组织。这些头骨形态各异的古神翼龙类向世人展示了这类翼龙的多样性，远比我们了解的情况复杂得多。

森林翼龙

[森林精灵]

>>

　　在约1.2亿年前的白垩纪早期，有一群玲珑小巧的森林翼龙在现今中国辽宁省的上空飞翔着，完全没有空中霸主的卓越风姿，远远望去，还以为是小燕子在飞呢！但是它们却是之后的大型鸟掌翼龙类的祖先。由于体形娇小，森林翼龙能够很容易地隐藏在树丛之间，借以躲开大型动物的捕捉。渐渐地，这支体态娇小的族群演化成能够统治天空的庞然大物。

攀岩高手

　　从出土的化石上看，明显能看到森林翼龙的前爪和脚趾具备抓在树枝上的功能。

起源力量

　　从1999年开始，中国辽西地区翼龙庞大的家族构成就在古生物学家的努力下，慢慢被揭开神秘的面纱。而经过对森林翼龙的研究，也显示了其在翼龙演化历史中的重要角色，可以说是一些主要翼龙支系的起源之祖。

鬼龙

[空中的幽灵]

在2009年的下半年，古生物学家首次发现了这块不同的化石，从石板上模糊可见的巨大牙齿断定"这是一件罕见的翼龙化石"。于是，经过研究人员耐心细致地修复，这件标本的珍贵之处与科学价值渐渐地展现在世人眼前。古生物学家将这只翼龙命名为鬼龙，模式种是猎手鬼龙，生活在约1.2亿年前的白垩纪早期，为相关学者研究翼龙类的飞行方式和食性提供了更多的信息。

神奇的验证

古生物学家在鬼龙的标本上发现了粪化石。这是首次确切地发现翼龙粪化石与骨骼化石共生保存。通过科考发现，粪化石主要由鱼类骨骼碎片组成，直接证明了鬼龙是吃鱼的。

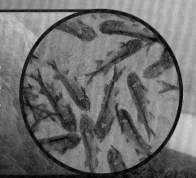

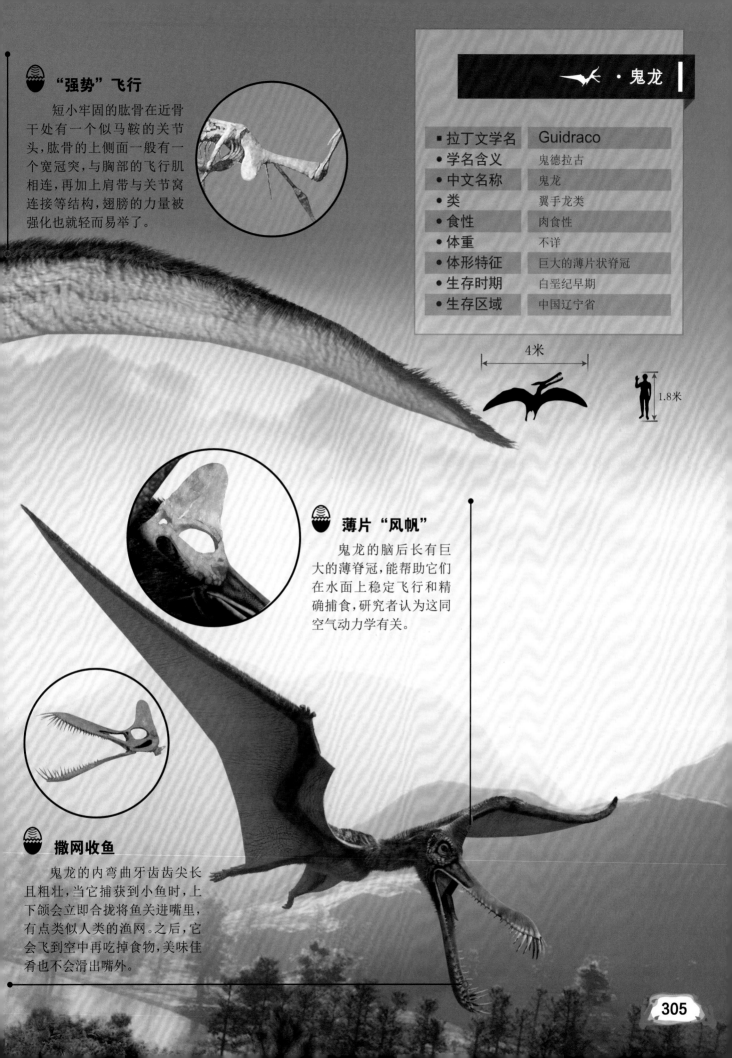

"强势"飞行

短小牢固的肱骨在近骨干处有一个似马鞍的关节头，肱骨的上侧面一般有一个宽冠突，与胸部的飞行肌相连，再加上肩带与关节窝连接等结构，翅膀的力量被强化也就轻而易举了。

拉丁文学名	Guidraco
学名含义	鬼德拉古
中文名称	鬼龙
类	翼手龙类
食性	肉食性
体重	不详
体形特征	巨大的薄片状脊冠
生存时期	白垩纪早期
生存区域	中国辽宁省

4米

1.8米

薄片"风帆"

鬼龙的脑后长有巨大的薄脊冠，能帮助它们在水面上稳定飞行和精确捕食，研究者认为这同空气动力学有关。

撒网收鱼

鬼龙的内弯曲牙齿齿尖长且粗壮，当它捕获到小鱼时，上下颌会立即合拢将鱼关进嘴里，有点类似人类的渔网。之后，它会飞到空中再吃掉食物，美味佳肴也不会滑出嘴外。

热情的献媚

　　不同于其他的翼龙类，捻船头翼龙可能生有两个头冠。一个头冠在口鼻部上侧，是个隆起；另一个则位于颅顶后方。研究认为，这两个头冠是用来追求异性的。

 实用的牙齿

　　在捻船头翼龙齿列的最前方是大大的尖牙齿，之后是较小的三颗牙齿，然后又变成大一点的牙齿，最终牙齿越往后越小。如此的牙齿构成可以更好地捕食滑滑的鱼类动物。

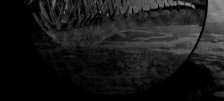

捻船头翼龙　[威特岛的传说]

>>>

　　从1995年至2003年，古生物学家陆续在位于英国怀特岛南侧的亚佛兰德村发现翼龙类的骨骼化石，它全部属于一种未知翼龙。直到2005年，这只新属翼龙才有了自己的名字——捻船头翼龙。学者们还在捻船头翼龙出土的地方发现一些陆生植物化石，显示这种翼龙可能栖息于陆地。另外，经研究分析发现，捻船头翼龙是当时最大的飞行类动物之一，主要食物是鱼类和小型陆地动物。

▪ 拉丁文学名	Caulkicephalus
▪ 学名含义	捻严实的脑袋
▪ 中文名称	捻船头翼龙
▪ 类	翼手龙类
▪ 食性	肉食性
▪ 体重	不详
▪ 体形特征	口鼻部上侧有隆起头冠
▪ 生存时期	白垩纪早期
▪ 生活区域	英格兰

 酷炫双翼

　　艺术家凭丰富的想象力，给这只翼龙安上了一对酷炫无比的飞行装置，深色的花纹带来的是扑面而来的神秘感，好似有冰凉的水汽滑过我们的面颊。

 **有趣的齐步跳**

　　有一些人猜测捻船头翼龙也许用后肢跑步前进，也许像青蛙和兔子那样用四肢进行齐步跳。经研究，捻船头翼龙的前后肢比例同古魔翼龙相似，或许就是因为齐步跳的行进方式演化成的。

鹦鹉嘴龙

［有爱心的小家伙］

1922年，由美国探险家、博物学家，罗伊·安德鲁斯带领的中央亚细亚考察队进行第三次考察时，发现了鹦鹉嘴龙化石，为研究这只恐龙提供了研究素材。此后，在中国的辽宁地区又发现了大量的化石。从"鹦鹉嘴龙"这个名称我们就可推测，它的嘴同鹦鹉的非常像，故此得名。

功能型巨喙

鹦鹉嘴龙有个超级巨喙，咬力惊人。这个嘴同鹰嘴龟的极像。要知道，鹰嘴龟只有成人手掌那么大，却能一口咬断一次性筷子。如果将那张嘴同比例地扩大长在身长近两米的鹦鹉嘴龙身上，就可以想象到其强大的咬合力了！

尾巴的毛毛

古生物学家认为，至少有一个种的鹦鹉嘴龙，其尾巴以及背部末端有着鬃毛状的结构，这可能是用来视觉展示的。

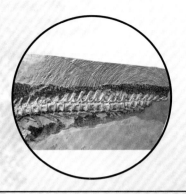

（图中约为1.6米）
0.9~1.6米
1.8米

■ 拉丁文学名	Psittacosaurus
■ 学名含义	鹦鹉蜥蜴
■ 中文名称	鹦鹉嘴龙
■ 类	角龙类
■ 食性	植食性
■ 体重	20千克
■ 体形特征	嘴像现代鹦鹉的喙
■ 生存时期	白垩纪早期
■ 生活区域	泰国、俄罗斯、蒙古国

·鹦鹉嘴龙

 胃中有奥秘

鹦鹉嘴龙需要借助胃石才能彻底消化食物，胃石存在于砂囊内(砂囊收缩力极强,可磨碎植物)。它能够吞食的胃石数量惊人,有时甚至达到50颗之多。

小恐龙的幼儿园

古生物学家曾多次发现大量鹦鹉嘴龙聚集在一起的化石遗迹，证明它们会将同群的小鹦鹉嘴龙宝宝们一起照顾，就像一个恐龙幼儿园。小宝宝们会一直被限制待在那里，除非骨头硬化且具有独立活动能力方可摆脱看守。

乌尔禾龙

[魔鬼城的剑客]

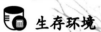

　　在中国新疆有一处叫做魔鬼城的地方，虽然终日被黄沙遮天蔽日，但是在约1亿年前，这里却是一处至美仙境。巨大的淡水湖泊如同娴静的女子一样，岸边长满了浓密茂盛的植物，而著名的乌尔禾龙，就世代在这里繁衍生息着。乌尔禾龙是一类大型剑龙类恐龙，虽然行动很笨拙，但大自然却赋予它坚硬的骨板和钉刺，为其架构生存堡垒，令它可以享有一方安隅。

🪨 生存环境

　　乌尔禾龙的生存环境有变冷的趋势，高纬度区域降雪增加，但热带地区变得更加湿润，各种植物借着丰富的水分和充足的阳光恣意生长，令乌尔禾龙的存活机会大大增加。

🥚 堪忧的"矛盾"

　　乌尔禾龙和其他剑龙类一样，尾巴长有四根似钉子的尖刺，可以无惧大型恐龙的侵袭。虽然这些尖刺很厉害，但一旦被折断就无法再生，因此它需要时刻保护好自己的武器。

 变了形的骨板

从发现的化石来看，乌尔禾龙背部的平坦骨板呈圆形，但这些骨板可能在保存中有过变形，真实的形状目前无法得知。

■ 拉丁文学名	Wuerhosaurus
■ 学名含义	乌尔禾蜥蜴
■ 中文名称	乌尔禾龙
■ 类	剑龙类
■ 食性	植食性
■ 体重	1200~4000千克
■ 体形特征	背部骨板较圆、较平坦
■ 生存时期	白垩纪早期
■ 生活区域	中国

5~7米

1.8米

适应性低矮

较之其他剑龙类，乌尔禾龙的身高不高，研究者认为是由于吃低层植被的适应性结果造成的，即由于长时间只吃低矮植物，令它的四肢逐渐变短，身体也就渐渐变矮了。

腱龙

[温驯的长尾朋友]

　　腱龙生活在早白垩纪的北美大陆上，与恐爪龙化石一起被发现，生前也许正被恐爪龙攻击。从化石状态来看，应该是单独一只腱龙遭到几只恐爪龙围攻，这只是腱龙古老漫长生活的一个剪影。腱龙是很温驯的禽龙类恐龙，喜爱群居生活。它们之所以能在"群龙逐陆"的白垩纪存活下来，靠的就是集体自卫能力。因而，当腱龙们与恐爪龙面对面相遇时，成为胜者也是有可能的。

被恐爪龙捕杀

　　腱龙目前发现两个种：提氏腱龙和道氏腱龙。而在提氏腱龙的化石标本上，可以看到一些牙齿并在其附近发现其他恐龙的骨骸。经研究分析，这些牙齿和骨骸属于恐爪龙，表明这只腱龙是被恐爪龙猎杀而亡的。

多功能的"第三条腿"

　　腱龙有一条令人印象深刻的大尾巴，不仅能够用来自卫，还能像袋鼠的尾巴一样支撑身体，可谓是腱龙的"第三条腿"。当它想要摘取高高的树叶时，就会依靠强健的后肢和身后粗壮的尾巴抬高上半身。

 硬物"切割器"

　　腱龙的鹦鹉状钩嘴前部无牙，而四周有牙。这些脊状牙齿属于典型的棱齿龙类恐龙，这种牙齿的优势在于它可轻易磨碎树枝。由于牙齿可以不断更替，坚硬的植物就变成了腱龙们终生不变的食物。

■ 拉丁文学名	Tenontosaurus
● 学名含义	肌腱蜥蜴
● 中文名称	腱龙
● 类	鸟脚类
● 食性	植食性
● 体重	1000~2000千克
● 体形特征	又粗又长的尾巴
● 生存时期	白垩纪早期
● 生存区域	北美洲

 6~7米

 1.8米

 健美的腿

　　腱龙的前后腿都很纤细且前腿短于后腿，因此比较善于奔跑，尤其是未成年的时候。

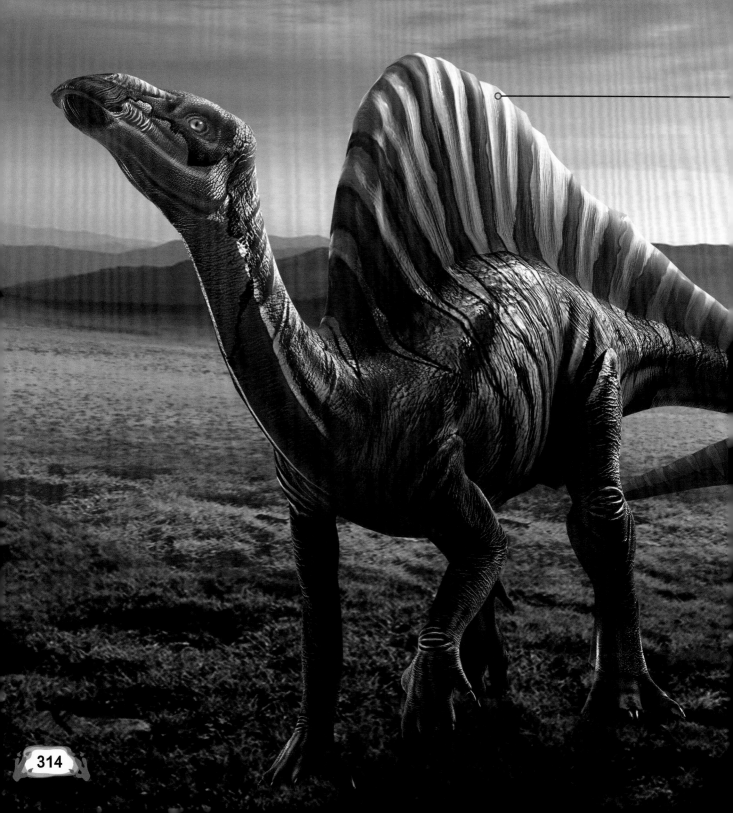

豪勇龙

[移动空调]

在约1.25亿年前的非洲，白天干热，好似要把人烤焦，但是一只长相奇怪的恐龙却在美美地晒着太阳。这是因为豪勇龙是一种耐旱、耐热的动物，非洲干热的环境对于它来说根本不是值得担忧的问题。

■ 拉丁文学名	Ouranosaurus
■ 学名含义	勇敢蜥蜴
■ 中文名称	豪勇龙
■ 类	鸟脚类
■ 食性	植食性
■ 体重	2200千克
■ 体形特征	大型背部帆状物
■ 生存时期	白垩纪早期
■ 生活区域	尼日尔共和国

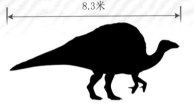

8.3米

1.8米

扬"帆"行走

豪勇龙从出生开始就要背着一个"大帆"四处行走。这片帆状物由脊椎神经棘组成，从背部一直延伸到尾部。肌腱将后段棘柱相连来稳固背部。此外，"大帆"还能调节体温并充当视觉展示物，令豪勇龙看起来比实际更大。

鸭脸上的隆起

豪勇龙的脑袋和嘴巴又长又扁，活像一只巨型鸭。在这张"鸭脸上"有一个不规则的隆起长在大鼻孔和眼眶之间。古生物学家认为隆起可能用在社交活动或追求异性时。

奇妙的大拇指

豪勇龙的手长有大型的拇指尖爪，中间三个似蹄子的指骨宽广，适合行走；最后一个长指骨被推测有挑起树叶和树枝等食物，或降低树枝的高度便于摘取等作用。

315

禽龙

[旅居世界的"游侠"]

>>>

　　1822年，禽龙从漫长的岁月中"苏醒"，终于被人发现，并在1825年由英国的医生，吉迪恩·曼特尔对它进行了描述。自从禽龙化石现世，人类才知道，地球上居然曾经存在着如此令人惊惧的怪兽，几乎牢牢占据着整个中生代时期，它们霸占着地球，却又突然消失。禽龙就存在于早期白垩纪，是第二种被正式命名的恐龙。

🥚 替换过程

　　禽龙的嘴侧生有一些细小的牙齿，它们的替换过程非常有趣，从位于偶数位的牙齿开始，而后奇数位，按次被替。多数情况下，替换顺序是从后面开始。

万千宠爱于禽龙

那是1835年的除夕之夜，远在英国伦敦的水晶宫公园内，社会各界人士为禽龙开办了一场举世无双的诞生晚会。在此之前，有一位叫作霍金斯的雕塑家复制出了禽龙模型，而晚宴就举办在这个模型的肚子里。

■ 拉丁文学名	Iguanodon
■ 学名含义	鬣蜥的牙齿
■ 中文名称	禽龙
■ 类	鸟脚类
■ 食性	植食性
■ 体重	3200千克
■ 体形特征	拇指尖锐
■ 生存时期	白垩纪早期
■ 生活区域	英国、德国、比利时

10米

1.8米

出名的拇指

禽龙的手臂又粗又长，前端手掌基本不会弯曲，但中间三指可承受重量。它最著名的部位要属似圆锥的拇指爪，可与中间三指相垂直，也可攻击敌人或协助吃东西。

重却跑得快

禽龙坚实的四肢令其稳步行于大地之上，但在奔跑时可能只用后肢。幼年的禽龙有着更快的奔跑速度，而成年的禽龙就要逊色得多了。

颊部的配合

根据头骨结构和颌部
后方的牙齿,显示棱齿龙拥
有颊部结构,能够咀嚼食
物,而不是直接吞咽进食。

 接力的牙齿

当棱齿龙将上颌朝
外移动时,下颌则会反
方向收回,于是上下牙
齿就会做出不断相互磨
合的动作。棱齿龙就是
靠着这种特性依次磨尖
牙齿,这些牙齿也会不
停地再长出来。

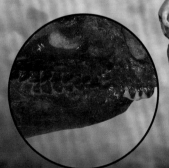

"凌波微步"

这样的画面经常上演:玲珑娇小的
棱齿龙们从某些大型恐龙的肚子下面快
速穿过,在那些恐龙还没反应过来是怎
么回事儿的时候就逃得无影无踪了。

拉丁文学名	Hypsilophodon
学名含义	高冠状的牙齿
中文名称	棱齿龙
类	鸟脚类
食性	植食性
体重	不详
体形特征	体形娇小
生存时期	白垩纪早期
生活区域	英国

2米

1.8米

平衡功能

棱齿龙用双腿行走，走路的时候身体是水平的。当它快速奔跑时，尾巴是笔直的而非弯曲着，协助它保持平衡和快速转弯。

棱齿龙

[迅捷飞驰]

在白垩纪早期，小型的植食性恐龙之所以能在弱肉强食的残酷时代中生存下来，其优秀的奔跑技能可谓功不可没。在此期间，一群极其善于奔跑的恐龙——棱齿龙，出现在白垩纪早期。迅捷如风的速度是棱齿龙保命的法宝，它也是鸟脚类恐龙中奔跑速度最快的种类之一，逃脱掠食者的魔爪可谓轻而易举。

盘足龙

[鲁国巨龙]

盘足龙生活在中国山东省,时间是约1.29亿年到1.13亿年前的白垩纪早期。它的化石首次现身是在1913年,但直到1923年才被正式挖掘。不像大部分蜥脚类化石那样零碎,盘足龙的头骨化石保持很完整。此外,盘足龙还是中国正式命名的第一只蜥脚类恐龙。

大家伙要减负

盘足龙的脊椎内部具有复杂的凹处、孔洞、腔室,生前可能包含气囊,类似鸟类的呼吸系统。